# ZWIEBELBLUMEN

blv garten plus

Katharina Adams

# ZWIEBELBLUMEN

Die schönsten Arten und Sorten
Auswählen • Kombinieren • Pflegen

blv

# Inhalt

# Die bunte Vielfalt der Zwiebel- und Knollenblumen

Die zahlreichen bekannten und weniger bekannten Zwiebel- und Knollenpflanzen lassen sich vielfältig im Garten einsetzen. Ob zwergenhaft klein oder riesengroß, ob im zeitigen Frühling oder im Sommer blühend - für jede Gartensituation gibt es geeignete Arten und Sorten.

Farbenfrohe Zwiebelblumen in Töpfen und Schalen zaubern Frühlingsgefühle auf Terrasse und Balkon.

Betrachtet man die unscheinbaren Knollen und Zwiebeln in ihrem Ruhezustand, ist oft kaum zu glauben, welche Blütenpracht aus ihnen hervorgeht. Sie sind braun und trocken, manchmal schrumpelig, und einige sehen aus wie alte Kartoffeln. Sobald sich aber die ersten Triebe aus der Erde schieben, wächst die Spannung, was denn da Schönes wachsen und blühen wird. Zwiebelblumen sind im zeitigen Frühjahr die Ersten, die uns mit ihren Blüten erfreuen. Oft sind es winzige Edelsteine wie Zwerg-Iris oder Schneeglöckchen, die tapfer Schnee und Eis trotzen und ihre kurzen Stängel der Sonne entgegen recken. Doch Zwiebel- und Knollenblumen decken mit ihren unterschiedlichen Blütezeiten das gesamte Gartenjahr vom Spätwinter bis zum ersten Frost ab. Und sie sind auch so unterschiedlich in ihrer Erscheinung und ihren Ansprüchen, dass für jeden Bereich etwas Passendes dabei ist.

◀ Weiße Tulpen setzen im Frühling leuchtende Lichtpunkte zwischen den überwiegend blau und lila blühenden Stauden.

## Ein wenig Botanik

Genau genommen sind Zwiebel- und Knollenpflanzen, auch Geophyten genannt, Stauden. Laut Definition sind Stauden dauerhafte krautige Pflanzen, die mit Hilfe ihrer unterirdischen Speicherorgane überwintern, während die oberen Teile bis zum Neuaustrieb absterben. Dies alles gilt natürlich auch für Zwiebel- und Knollenpflanzen. Die Besonderheit bei ihnen ist, dass ihre Speicherorgane stark verdickt sind. Außerdem können sie auch längere Zeiträume außerhalb der Erde ohne Schaden überdauern. Anders wäre es gar nicht möglich, Gewächse aus südlichen Gebieten, die nicht frosthart sind, bei uns zu überwintern.

### Anspruchslos und anpassungsfähig

Zwiebelpflanzen haben sich perfekt an die Bedingungen in der Natur angepasst. Die Frühjahrsblüher nutzen die Zeit bis zum Laubaustrieb der Gehölze, denn dann ist es auch dort noch sonnig. Nachdem sie verblüht sind, ziehen sie ein und machen den Schattenstauden Platz. Auch im Garten bringen Zwiebelpflanzen schon Farbe ins Spiel, bevor

Viele Zwiebelpflanzen werden hierzulande schon seit Jahrhunderten kultiviert, und das ist wohl der beste Beweis, dass sie für unser Klima geeignet und nicht zu anspruchsvoll sind.

Bäume und Sträucher ihr Blätterkleid anlegen. Und auch einige Gehölze haben ihre Blütezeit bereits vor dem Laubaustrieb. So gehört zum Beispiel die gleichzeitige Blüte von Tulpen, Narzissen und Zierkirschen zu den absoluten Frühjahrsklassikern. Auch die meisten später blühenden Zwiebelpflanzen ziehen nach der Blüte ein. Im Beet entstehende Lücken werden aber auch hier durch später blühende Stauden geschlossen.

## Standort und Ansprüche

So unterschiedlich wie ihre Herkunft sind auch die Ansprüche und Einsatzbereiche der verschiedenen Zwiebelblumen.
Zahlreiche Arten, viele unter ihnen kleinwüchsig, stammen von trockenen Berghängen und Wiesen in vorderasiatischen Gebieten. Dort sind die Winter sehr kalt, so dass die Winterhärte kein Problem darstellt. Allerdings sind sowohl die Winter als auch die Sommer wesentlich trockener als in Mitteleuropa. Auf fetten, Wasser undurchlässigen Böden würden die Zwiebeln und Knollen nicht lange überleben. Andererseits sind sie ideale Pflanzen für Steingärten und ähnliche Standorte. Andere Arten wiederum haben ihre Heimat auf Wiesen oder im Unterholz lichter Wälder. Plätze mit solchen Standortbedingungen finden sich auch im eigenen Garten leicht.

## Die verschiedenen Überdauerungsorgane

Meist werden alle Zwiebel- und Knollengewächse unter dem Oberbegriff »Zwiebelpflanzen« geführt, es gibt aber wesentliche Unterschiede zwischen den Gruppen.
Die Speicherorgane können folgende Formen aufweisen:
- Zwiebel
- Zwiebelknolle
- Sprossknolle
- Wurzelknolle
- Rhizom

Gladiole
**Zwiebelknolle**

Hyazinthe
**Zwiebel**

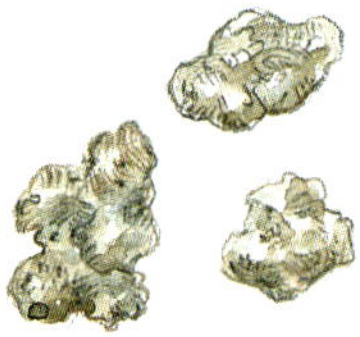

Anemone
**Sprossknolle**

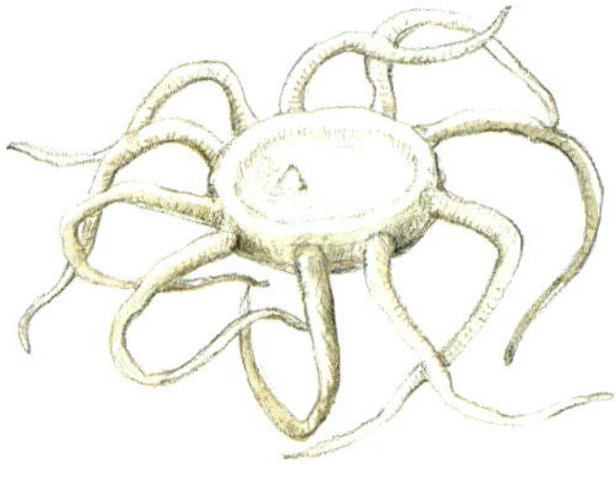

Dahlie **Wurzelknollen** Steppenkerze

## Die Zwiebel

Eine echte Zwiebel ist aus Schuppen oder Schalen schichtweise aufgebaut. Diese laufen unten an der so genannten Basalplatte zusammen. Aus dieser Platte entwickeln sich die Wurzeln. In der Zwiebel, umschlossen von den Schalen bzw. Schuppen, sind Stängel, Blätter und Blütenknospe bereits fertig angelegt. Sie werden von der Zwiebel auch während der Ruhephase versorgt und ausreichend feucht gehalten.
Außen um die Zwiebel herum verhindert eine trockene Haut, dass die Zwiebel beschädigt wird oder austrocknet. Die gesamte Zwiebel ist also ein kompletter Vorratsbehälter, der eine schnelle Entwicklung bis zur Blüte gewährleistet. Zwiebeln vermehren sich vegetativ durch Brutzwiebeln.
Zur Gruppe der echten Zwiebelpflanzen gehören zum Beispiel Tulpen, Narzissen, Lilien und Hyazinthen.

## Die Zwiebelknolle

Den Übergang zwischen Zwiebeln und Knollen bilden die so genannten Zwiebelknollen. Auch sie haben eine Basalplatte, aus denen die Wurzeln sprießen. Die Schuppen sind allerdings zu einem verhärteten Kern zusammengewachsen, der von einigen Hüllhäuten umgeben ist. Dieser schützt die Zwiebelknolle vor Austrocknung und Beschädigung. Auch Zwiebelknollen vermehren sich vegetativ durch kleine Brutknollen.
Zur Gruppe der Zwiebelknollen gehören zum Beispiel Krokusse, Gladiolen und Freesien.

## Die Sprossknolle

Sprossknollen bestehen aus einer homogenen Masse, die von einer dicken Haut umgeben ist. Meist sind sie rundlich oder abgeflacht. Auf der Oberfläche können sich an den verschiedensten Stellen Wurzeln bilden. Aus sichtbaren Knospenvertiefungen, den so genannten Augen, entwickeln sich neue Triebe.
Zur Gruppe der Sprossknollen gehören zum Beispiel Alpenveilchen und Anemonen.

## Die Wurzelknolle

Bei der Wurzelknolle sind die Hauptwurzeln der Pflanze fleischig verdickt. Dadurch entsteht häufig ein stern- oder fingerartiges Gebilde. An den einzelnen Abschnitten befinden sich Augen, aus denen sich die neuen Triebe entwickeln. Manche Wurzelknollen haben auch einen ausgeprägten Wurzelhals.
Zur Gruppe der Wurzelknollen gehören zum Beispiel Dahlien, Steppenkerzen und Ranunkeln.

Aus unscheinbaren Zwiebelknollen entstehen diese prächtigen, im Sommer blühenden Gladiolen.

## Das Rhizom

Das Rhizom ist der Übergang zur »richtigen« Staude. Es handelt sich bei Rhizomen um fleischig verdickte, meist waagerecht liegende Erdsprosse, die Nährstoffe speichern und der Pflanze

① Zwiebel nach dem Einsetzen ② Die Triebspitze zeigt sich ③ Laub und Stängel schieben sich an die Erdoberfläche ④ Blüte ⑤ Das Laub zieht ein ⑥ Am Ende der Vegetationsphase bilden sich oft Tochterzwiebeln.

über Trockenperioden hinweg helfen. Allerdings können Rhizome nicht – wie Zwiebeln und Knollen – über einen längeren Zeitraum gelagert werden. Rhizome vermehren sich durch seitliches Wachstum, aus den neuen Stücken entwickeln sich zusätzliche Triebe.
Zur Gruppe der Rhizome gehören zum Beispiel Bart-Iris. Rhizompflanzen werden in diesem Buch nicht behandelt, da sie zu den Stauden gezählt werden. Bei einigen Arten ist die Zuordnung allerdings nicht ganz eindeutig.

Bei nicht winterharten Sommerblühern müssen die Knollen mit dem ersten Frost aus der Erde genommen werden und ihre Ruhephase im kühlen Keller verbringen.

## Die Vegetationsphasen

Die Vegetation von Knollen- und Zwiebelpflanzen verläuft immer in bestimmten Zyklen. Kommt das Speicherorgan in die Erde, bilden sich rasch die ersten Wurzeln.

- Nach etwa einem Monat bilden sich Triebe.
- Bei den Sommerblühern durchbrechen die Triebe die Erdoberfläche schnell.
- Bei den Frühlingsblühern hingegen ruhen die Triebspitzen unter der Erde und erscheinen erst im folgenden Frühjahr.
- Danach entwickeln sich die Triebe immer weiter, Blätter und Blüten entfalten sich. Nach der Blüte verwelkt das Laub, die Zwiebeln bzw. Knollen haben neue Energie gespeichert und bereiten sich auf ihre Ruhephase vor.

## Zwiebel- und Knollenpflanzen im Garten

Ab Seite 37 werden zahlreiche bekannte und weniger bekannte Zwiebel- und Knollenpflanzen vorgestellt, die für die verschiedensten Bereiche im Garten geeignet sind. Dabei erfolgt die Einteilung nach der **Blütezeit.** Zunächst werden Pflanzen vorgestellt, die im **Frühling** oder im **Frühsommer** blühen. Ihre Zwiebeln werden üblicherweise im Herbst gepflanzt.
Im zweiten Teil werden dann diejenigen Pflanzen behandelt, die im **Sommer** oder im **Herbst** blühen. Die meisten von ihnen werden im Frühling gepflanzt, aber es gibt auch hier einige Ausnahmen. Lilien zum Beispiel werden meist im Herbst gepflanzt. Unter ihnen gibt es besonders viele Arten, die nicht winterhart sind und daher im Herbst aus der Erde genommen werden müssen. Sie überwintern am besten frostfrei im Keller.
Besonders von den Klassikern wie Tulpen, Narzissen und Dahlien gibt es eine Fülle von Sorten, so dass die Auswahl schwer fällt. Außerdem kommen jedes Jahr neue Sorten dazu. Einige sind aber seit vielen Jahren auf dem Markt, da sie sich als robust und ausdauernd erwiesen haben.

## Die Lebensbereiche

Wie Stauden auch, werden Zwiebel- und Knollenpflanzen verschiedenen Lebensbereichen zugeordnet.

Die filigranen gelben Steppenkerzen sind typische Bewohner sonniger Freiflächen und Steppen. Sie sind unempfindlich gegen Sommertrockenheit.

### Die sonnige Rabatte

Als sonnig werden Standorte bezeichnet, die den überwiegenden Tag von der Sonne beschienen werden. Rabatten zeichnen sich zusätzlich durch eine gute Versorgung des Bodens mit Nährstoffen aus und bieten zahlreichen Prachtstauden Platz. Hier fühlen sich die meisten kräftigen Vertreter wie Dahlien oder Lilien-Hybriden wohl. Aber auch Tulpen, Narzissen und Hyazinthen werden meist in Rabatten gepflanzt, wo sie vor den Stauden blühen, die dann später das welkende Laub verdecken.

### Steppe und Trockenwiese

Auch in der Natur wachsen viele Zwiebelpflanzen in Steppen. Die Zwiebeln helfen ihnen, lange trockene Sommer zu überstehen. Im Garten können Zwiebelpflanzen trockene, sonnige Beete bereichern. Sind solche Bedingungen nicht gegeben, kann der Boden mit Sand abgemagert und durchlässiger gemacht werden. Auch auf so genannten Kiesbeeten wachsen die Vertreter dieser Gruppe sehr gut. Typische Steppenpflanzen sind einige Lauch-Arten und Steppenkerzen.

### Der halbschattige und schattige Gehölzbereich

Gehölzbereiche sind vor dem Laubaustrieb im Frühling meist relativ sonnig. Hier fühlen sich alle Zwiebelpflanzen wohl, die früh blühen und sich dann wieder zurückziehen. Viele heimische Zwiebelpflanzen sind perfekt an diese Standorte angepasst. Zur Blüte tanken sie genügend Sonne und machen dann den austreibenden Stauden, Gräsern und Farnen Platz.
Pflanzen für diesen Standort sind in der Regel besonders pflegeleicht, am besten man lässt sie ganz in Ruhe, so dass sie sich vermehren und ausbreiten können.

### Feuchte Wiese und Gewässerrand

Für diese Standorte gibt es nur wenige Vertreter im Zwiebel- und Knollenreich. Knotenblumen zu Beispiel fühlen sich nur bei hoher Bodenfeuchte wohl und lassen sich gut mit Feuchtwiesen-Stauden vergesellschaften.

***auf einen blick***

- Die Auswahl an Zwiebel- und Knollenpflanzen ist riesig. Für jeden Bereich im Garten lassen sich geeignete Arten und Sorten finden.
- Zwiebel- und Knollenpflanzen sind genau wie Stauden ausdauernde Pflanzen, die jedes Jahr wieder die selben Vegetationsphasen durchlaufen.

# Zwiebel- und Knollenblumen pflanzen und pflegen

Eine Standort gerechte Pflanzung und gezielte Pflegemaßnahmen garantieren, dass Sie lange Freude an zahlreichen schönen Zwiebel- und Knollenpflanzen haben.

Dahlien lassen sich gut mit Prachtstauden und Sommerblumen vergesellschaften.

Für eine dauerhafte erfolgreiche Entwicklung von Zwiebel- und Knollenblumen ist es wichtig, dass sie Standorte erhalten, die ihren Ansprüchen entsprechen. Nur so blühen sie jedes Jahr zuverlässig von Neuem und entwickeln sich zu kräftigen, gesunden Pflanzen.

## Vorbild Natur

Viele Zwiebelblumen haben ihre Heimat in Südeuropa oder in vorderasiatischen Gebieten. Da die Winter in den Bergregionen Vorderasiens häufig noch kälter als im Flachland Mitteleuropas sind, ist die erforderliche Winterhärte meist kein Problem. Allerdings sind dort die Sommer erheblich trockener, was für die Entwicklung **frühlingsblühender Zwiebelblumen** auch in unseren Regionen von erheblicher Bedeutung ist. Das Laub von Frühlingsblühern ist bis zum Sommer eingezogen und die Zwiebeln gehen prall und gut genährt in Ruhestellung. Da bei uns auch im Sommer regelmäßige Niederschläge üblich sind, kommt es entscheidend darauf an, dass sie in einem gut dränierten Boden wachsen und auf keinen Fall stauender Nässe ausgesetzt werden.

Viele Zwiebel- und Knollengewächse, die in Mitteleuropa heimisch sind, wachsen in Wäldern oder an Waldrändern. Sie blühen zeitig im Frühling, meist noch bevor das Laub der Gehölze austreibt. Auf diese Weise bekommen sie zur Blütezeit genügend Licht. Der jährliche Laubfall der Gehölze im Herbst sorgt für einen ständigen Nachschub an frischem Humus und schützt die Zwiebeln auch im Winter.

Wenn Sie den Frühlingsblühern auch im Garten ähnliche Bedingungen bieten, gedeihen sie problemlos und bilden Jahr für Jahr größere Teppiche.

Zahlreiche im **Sommer blühende Zwiebel- und Knollenblumen** stammen aus afrikanischen oder südamerikanischen Gebieten. Sie benötigen einen vollsonnigen Stand sowie eine gute Versorgung mit Nährstoffen und Feuchtigkeit. Häufig handelt es sich um recht hoch wachsende Pflanzen, die in relativ kurzer Zeit erstaunliche Wuchs- und Blühleistungen vollbringen. Sie sind die idealen Kandidaten für gut mit Nährstoffen versorgte Rabatten in Gesellschaft mit Stauden oder Sommerblumen, die ebenfalls eine gute Nährstoffversorgung benötigen.

◀ Hier werden die Blumenzwiebeln vor dem Pflanzen zwanglos und in bunter Reihenfolge ausgelegt. Damit erreicht man eine natürliche Verteilung, die in viele Gärten passt.

Viele Gärtnereien bieten Blumenzwiebeln auch einzeln zum Kauf an. Bei diesen lose verkauften Blumenzwiebeln können Sie sich von der Qualität überzeugen, bevor Sie kaufen.

## Von der Wildform zur Gartenform

Aus vielen Wildformen wurden im Laufe der Jahrhunderte prächtige Gartenformen gezüchtet, die sich durch kräftiges Wachstum und große Blüten auszeichnen. Gute Beispiele hierfür sind Tulpen *(Tulipa)*, Narzissen *(Narcissus)* und Dahlien *(Dahlia)*, von denen es einige hundert Sorten gibt, und jedes Jahr kommen neue hinzu. Sie sind das Gegenstück zu den Prachtstauden und wollen auch wie diese behandelt werden. Die Gartenformen der Zwiebel- und Knollenpflanzen benötigen einen gepflegten, durchlässigen Gartenboden mit ausreichendem Nährstoffangebot.

Um wirklich lange Freude an den Blumenzwiebeln zu haben, sollten Sie nicht wahllos irgendwelche Angebote kaufen.

## Einkaufstipps

Blumenzwiebeln und -knollen werden zur entsprechenden Pflanzzeit überall angeboten – vom Supermarkt über den Versandhandel bis hin zu Spezialgärtnereien.

Die größte Auswahl finden Sie in spezialisierten **Fachgeschäften.** Dort bekommen Sie auch einzelne Sorten mit der Gewissheit, dass es sich dann auch wirklich um die gewünschte Sorte handelt.

Die meisten Zwiebeln sind in kleinen Stückzahlen abgepackt und mit einem Bildetikett sowie Informationen zu Wuchshöhe, Pflanzzeit usw. versehen. Sie werden in **Kunststoffnetzen** oder **perforierten Folien** angeboten, die eine gute Durchlüftung garantieren. Wären die Verpackungen luftdicht, würden die Zwiebeln schnell anfangen zu schwitzen und die Gefahr der Fäulnisbildung oder des Antreibens wäre groß. Die Netze haben auch den Vorteil, dass man gut sehen kann, ob die Zwiebeln Beschädigungen aufweisen.

In manchen Geschäften erhalten Sie Zwiebeln auch **einzeln,** sie werden **sortenweise in Körben** und Steigen gelagert. Die gewünschte Menge wird in Papiertüten verpackt und mit einem Etikett versehen, damit man auch zu Hause noch weiß, welche Sorte in welcher Tüte steckt. Diese Verkaufsform ist natürlich die allerbeste, denn so können Sie sich bei jeder einzelnen Zwiebel überzeugen, ob sie gesund und unbeschädigt ist.

## Empfindliche Knollen

Viele Knollen sind empfindlich gegen das **Austrocknen** und müssen bis zur Pflanzung dunkel in **Torfmull** oder leicht **feuchten Sägespänen** gelagert werden. Sie werden abgepackt in Kunststoffbeuteln angeboten, in denen die Knollen in einem Bett aus den genannten Materialien lagern.

**So erkennen Sie die Qualität**

Ob die Zwiebeln und Knollen eine gute Qualität haben, können Sie an verschiedenen Kriterien festmachen:

- Die Zwiebeln und Knollen sind relativ schwer.
- Sie sind druckfest, aber etwas elastisch.
- Insgesamt sollten sie sich prall und frisch anfühlen.
- Die Oberfläche darf nicht schrumpelig sein.
- An der Oberfläche sind keine Beschädigungen oder Flecken zu sehen.
- Zwiebelhäute dürfen nicht eingerissen sein, so dass die helle Zwiebel drunter zu sehen ist.
- Es darf noch kein Austrieb sichtbar sein, besonders Knollen von Dahlien beginnen bei Wärme und Helligkeit auszutreiben.

Allerdings dürfen auch diese Beutel nicht völlig luftdicht sein, die Gefahr des Faulens besteht auch hier.

## Große Zwiebeln, reiche Blüte

Auch die Größe der Zwiebeln und Knollen ist mit entscheidend für eine üppige Blüte. Kaufen Sie immer die größtmöglichen Zwiebeln, denn in ihnen sind auch die größten Blütenansätze und die meisten Nährstoffe gespeichert.
Die folgenden Größenangaben geben Anhaltspunkte für optimale Zwiebelgrößen. Gemessen wird der **Zwiebelumfang.**

Kaufen Sie Zwiebeln und Knollen am besten gleich zu Beginn der jeweiligen Pflanzsaison, dann ist die Auswahl am größten und Sie können sie bis zum Pflanzen kühl und trocken bei sich zu Hause lagern.

- **Gartentulpen:** 11–12 cm.
- **Wildtulpen:** 6–7 cm.
- **Hyazinthen:** 15–16 cm.
- **Narzissenzwiebeln** sollten aus zwei Zwiebeln zusammengesetzt sein, sie werden als so genannte **Doppelnasen** bezeichnet.
- **Dahlienknollen** sollten aus möglichst vielen und dicken zusammenhängenden Knollen-

Zuerst wird der Boden etwas gelockert, dann kommen die Zwiebeln in ausreichend große und – je nach Art – ausreichend tiefe Pflanzlöcher. Zum Schluss mit Erde bedecken.

stücken bestehen. Allerdings hängt das Aussehen stark von der Sorte ab. Bei einigen Sorten erinnern die Knollen an dunkle Kartoffeln, bei anderen sind es eher krallige Gebilde. Auf jeden Fall müssen die Abschnitte prall und elastisch sein.

## Die Bodenvorbereitung

Um den Ansprüchen der Zwiebeln und Knollen an die Bodenbeschaffenheit Rechnung zu tragen, sollten Sie den Boden am beabsichtigten Pflanzplatz entsprechend vorbereiten.

Dieser gut vorbereitete Boden ist ideal, um Dahlienknollen zu pflanzen. Der gleichzeitig mit eingesetzte Stab markiert die Pflanzstelle und kann später als Stütze dienen.

Alle Zwiebelpflanzen – bis auf wenige Ausnahmen – benötigen durchlässigen Boden ohne Staunässe. Weicht der vorhandene Boden von diesem Idealzustand ab, muss er entsprechend aufbereitet werden.

**Schwere Lehm- und Tonböden** werden mit auflockernden Materialien verbessert. Hierzu eignen sich Sand, feiner Splitt und Bentonit-Kügelchen, aber auch lockerer Laubhumus und reifer Kompost.

Bei Zwiebel- und Knollengewächse, die einen eher **trockenen Boden** bevorzugen, vermischt man die Erde mit einer größeren Menge Sand und Splitt, der Anteil an Humus wird geringer gehalten.

Hingegen wird der Anteil Humus erhöht, wenn es sich um Pflanzen handelt, die einen höheren Nährstoffbedarf haben.

**Wasser undurchlässige Böden** müssen besonders sorgfältig aufbereitet werden. Meist sind Tonschichten unterhalb der Humusschicht schuld daran, dass das Wasser schlecht abzieht. Hier müssen diese tiefer liegenden Schichten aufgegraben und großzügig mit grobem Sand und Kies vermischt werden. Zusätzlich den Oberboden mit viel Humus aufbereiten. **Magere, sandige Böden** können Sie

durch die Zugabe von Humus und Lehm nahrhafter machen. Zudem wird ein zu schneller Wasserabzug verhindert.
Trotz sorgfältiger Aufbereitung lässt sich ein vorhandener Boden nicht völlig verändern, das heißt zum Beispiel, dass Sie schweren Tonboden in keinen leichten Sandboden verwandeln können. In gewissen Grenzen ist eine Bodenverbesserung aber immer möglich und auch sinnvoll, so dass sich die meisten Gartenblumen, also auch Zwiebel- und Knollenpflanzen, dort etablieren können.

## Verdichtete Böden aufbrechen

Nicht nur natürlich vorhandene, Wasser undurchlässige Schichten können einen guten Wasserabzug verhindern, auch durch vorangegangene Baumaßnahmen wird der Boden häufig stark verdichtet. Hier hilft ein gründliches tiefes Umgraben mit dem Spaten. Diese Arbeit wird am besten im Herbst ausgeführt, und der Boden bleibt dann in groben Schollen den Winter über liegen. Hier werden durch Frosteinwirkung die Schollen aufgebrochen, so dass ein relativ feinkrümeliger Boden entsteht. Bereiten Sie dann im kommenden Frühjahr die Erde zusätzlich auf wie oben beschrieben, werden sich die neuen Zwiebeln und Knollen sehr bald heimisch fühlen. Im Frühling können Sie dann damit beginnen, Stauden und sommerblühende Zwiebelblumen zu pflanzen. Das Einsetzen der Zwiebeln für Frühjahrsblüher erfolgt im gleichen Herbst.

## Kompost, wertvolles Pflanzenfutter aus der Natur

Humus entsteht täglich im Naturkreislauf. Jedes herab fallende Blatt, jeder welkende Grashalm wird von zahllosen Bodenorganismen in Humus umgewandelt. Auch im Garten können Stauden- und Gehölzschnitt, Laub und pflanzliche Küchenabfälle kompostiert und so als wertvoller Kompost den Pflanzen wieder zugeführt werden. Ein großer Teil der notwendigen Düngung ist mit dem regelmäßigen Aufbringen von reifem Kompost schon erledigt, nur spezielle Pflanzenwünsche werden auch mit speziellem Dünger erfüllt.
**Rindenhumus** kann gut zur Abdeckung des Bodens Verwendung finden, um Austrocknung zu verhindern und Unkrautbewuchs zu unterdrücken. Er wird nach der Pflanzung 2–3 cm dick gleichmäßig auf dem Boden verteilt. Allerdings entzieht Rindenhumus dem Boden Stickstoff. Mit einer zusätzlichen Gabe gemischten Komposts, der in der Regel viel Stickstoff enthält, können Sie den Mangel jedoch gut ausgleichen.

Der um die Pflanzen herum aufgebrachte Rindenhumus unterdrückt wirksam aufkommendes Unkraut.

> Am sinnvollsten ist es, gemischten Kompost zu verwenden, der ein ausgewogenes Verhältnis der verschiedenen Nährstoffe bietet.

## Das Pflanzen der Zwiebeln und Knollen

Das Wichtigste beim Pflanzen der Zwiebeln und Knollen ist die richtige Pflanztiefe. Sie hängt im Allgemeinen von der Größe der Zwiebeln ab, aber auch von der Bodenbeschaffenheit.

### Die richtige Pflanztiefe

**Als Faustregel gilt,** dass die Pflanztiefe in etwa dem Zwei- bis Dreifachen der Zwiebelgröße entsprechen muss.
Den meisten Zwiebel- und Knollenpflanzen macht es auch nichts aus, wenn sie etwas tiefer gepflanzt werden. Besonders in der gemischten Rabatte, wo sie für mehrere Jahre stehen bleiben sollen, ist dies sinnvoll, damit sie bei Bodenbearbeitungen nicht verletzt werden. Und auch in sandigen Böden hat es sich als sinnvoll erwiesen, etwas tiefer zu pflanzen.
Bei einer zu flachen Pflanzung helfen sich einige Arten sogar selbst, indem sie sich mit Hilfe von **Zugwurzeln** in die gewünschte Position bringen. Besonders gut lässt sich dieses Phänomen bei **Lilien** beobachten, die sich auf leichten Böden selbstständig nach unten ziehen und dadurch fest im Boden verankern.

### Oben, unten? Vom richtigen Pflanzen

Neben der Pflanztiefe ist auch die richtige Position der Zwiebeln und Knollen wichtig. Bei den meisten ist eindeutig zu sehen, wo oben und unten ist, bei einigen ist dies aber etwas schwierig, wenn in der Vegetationsruhe keine Wurzeln zu sehen sind. Vielfach ist jedoch noch ein Rest oder wenigstens die Narbe des letzten Stängels zu sehen. Dieser muss in jedem Fall nach oben zeigen.
Bei den **echten Zwiebeln** muss die **Basisplatte** beim Pflanzen nach unten zeigen, die Spitze, aus der sich Laub und Stängel entwickeln, nach oben.
Bei den **Sprossknollen** von Alpenveilchen ist es allerdings genau anders herum: Die Würzelchen an der angedeuteten Basisplatte müssen nach oben zeigen.

Beim Pflanzen liegt bei Tulpen der Zwiebelboden unten, bei Alpenveilchen jedoch oben.

Je nach Zwiebelgröße werden die Blumenzwiebeln unterschiedlich tief gesetzt.

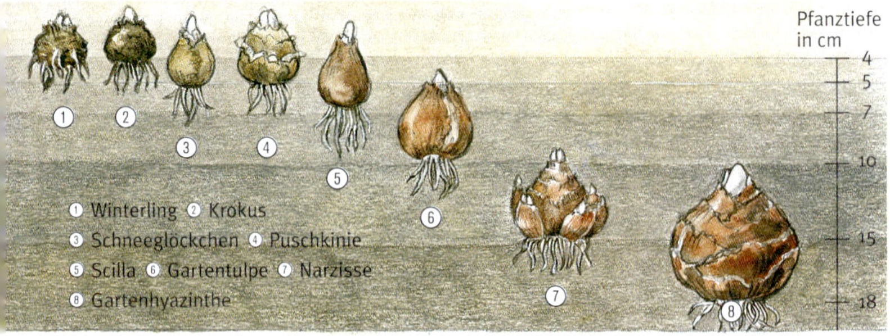

## Manchmal heikel: die Knollen

Die Knollen einiger Arten sind krallenartig geformt und dadurch ein wenig empfindlich. Sie können beim Pflanzen leicht auseinander brechen. Versuchen Sie auf keinen Fall, die Krallen auseinander zu biegen, sonst brechen sie sofort ab. In diesem Fall wird zunächst eine lockere Erdschicht in das Pflanzloch gefüllt, auf die die Knolle vorsichtig gelegt wird. Danach mit der restlichen Erde auffüllen und darauf achten, dass auch die Zwischenräume zwischen den Krallen mit Erde ausgefüllt sind. Am besten ist, man arbeitet in diesem Fall mit den bloßen Händen, um das nötige Fingerspitzengefühl zu behalten.
Zu dieser etwas heiklen Gruppe gehören zum Beispiel Steppenkerzen *(Eremurus)* und Inkalilien *(Astroemeria),* aber auch einige Dahliensorten, bei denen die Knollenabschnitte fingerartig aufgebaut sind.

## So pflanzt man richtig

Beim Pflanzen wird unter die einzusetzende Zwiebel oder Knolle etwas lockere Erde, bei schwererem Boden auch eine dünne Schicht Sand gegeben.

Die Knollenabschnitte der Dahlien müssen vorsichtig im Pflanzloch ausgebreitet werden, damit sie nicht abbrechen.

Falls der Boden zur Pflanzzeit sehr trocken ist, wird das Loch zunächst zur Hälfte mit Erde aufgefüllt und dann kräftig gewässert. Erst danach kommt die restliche Erde darüber. Auch nach Abschluss der Pflanzarbeiten wird noch einmal gegossen, ebenso in der ersten Zeit nach der Pflanzung. Auf diese Weise können die Zwiebeln und Knollen rasch möglichst viele Wurzeln bilden, bevor im Spätherbst der erste Frost kommt.

## Geräte, die beim Zwiebeln pflanzen helfen

Um die Pflanzlöcher auszuheben, genügt in der Regel eine kleine **Handschaufel.** Damit können bequem Löcher bis zu einer Tiefe von 30 cm ausgehoben werden. Die Pflanzlöcher werden zylindrisch ausgehoben, dann gibt man lockere Erde, bei Bedarf auch etwas Sand und Dünger, zum Beispiel Hornspäne, unter die Zwiebel und füllt das Loch mit dem Aushub wieder auf.

Auch beim Pflanzen im Frühjahr ist es wichtig, dass Knollen und Zwiebeln gerade am Anfang gute Startchancen bekommen und nicht austrocknen, bevor sie richtig angewachsen sind.

Wenn größere Zwiebelmengen gepflanzt werden sollen, leistet der so genannte **Zwiebelpflanzer** gute Dienste. Das ist ein leicht konisch zulaufender Metalltrichter mit Griff, der entsprechend tief in de Erde gedrückt und wieder heraus gezogen wird. Der Erdaushub kann damit in einem Stück heraus gehoben werden. Danach wird die Zwiebel in das Loch gesetzt und der Aushub wieder darüber gegeben.
Kleine Zwiebeln, zum Beispiel von Krokussen oder Schneeglöckchen, können auch zu mehreren in ein Pflanzloch gesetzt werden. Sie wachsen dann von Anfang an in kleinen Tuffs, was sehr natürlich wirkt.

Besonders gut lassen sich Narzissen im Rasen verwildern. Sie verbreiten Romantik in jedem Garten und gehören mit zu den ersten Frühlingsboten.

Ein Zwiebelpflanzer leistet gute Dienste beim Pflanzen größerer Mengen.

## Zwiebeln für die Verwilderung im Rasen

Sollen größere Gruppen zur Verwilderung in den Rasen gesetzt werden, geht man etwas anders vor. Stechen Sie mit dem Spaten einzelne Bereiche ab, in denen die Zwiebeln gepflanzt werden sollen. Gehen Sie dann mit dem Spaten unter die Rasensode und trennen und Sie diese vom Untergrund ab. Die Sode wird zur Seite gelegt. Nun verteilen Sie die Zwiebeln zwanglos in dem Areal und decken sie hinterher wieder mit der Rasensode ab. Danach gut andrücken und wässern, damit auch der Rasen wieder rasch anwächst.
Eine gute Methode, um eine möglichst **natürlich wirkende**

**Verteilung** der Zwiebeln zu erreichen, ist Folgende: Nehmen Sie jeweils eine Hand voll Zwiebeln und werfen Sie sie auf die vom Rasen befreite Fläche. An der Stelle, an der die Zwiebeln liegen bleiben, werden sie nur noch in die richtige Position gedreht, so dass der Zwiebelboden auf der Unterseite ist. Danach wird die Rasensode wieder darüber gedeckt, festgedrückt und angegossen.
Für die Verwilderung im Rasen können Sie auch mehrere **Arten bunt mischen,** zum Beispiel Winterlinge *(Eranthis)* zusammen mit Blausternchen *(Scilla)* oder Krokusse mit ganz frühen Zwergnarzissen.

Verwilderung im Rasen: Rasensoden abheben, Zwiebeln einlegen, Erde auffüllen, Rasensode darüber decken.

## Guter Schutz: Pflanzkörbe gegen Wühlmäuse und Kaninchen

Leider finden Mäuse und Kaninchen manche Blumenzwiebeln sehr schmackhaft. Besonders Tulpenzwiebeln sind gefährdet, während Narzissen in Ruhe gelassen werden.
Damit Sie im Frühling keine große Enttäuschung erleben müssen, wenn von den zahlreich gesetzten Zwiebeln nur einige wenige aus der Erde auftauchen, können Sie gefährdete Zwiebeln in **Kunststoff- oder Metallkörbe** setzen.
Solche Pflanzkörbe gibt es dort zu kaufen, wo Sie auch Blumenzwiebeln erwerben können. Es gibt sie in verschiedenen Größen, rund oder eckig, und sie bieten einer größeren Anzahl von Zwiebeln Platz.
Beim **Einsetzen** gehen Sie folgendermaßen vor: Graben Sie Löcher, die dem Umfang der Körbe entsprechen. Die Tiefe wählen sie entsprechend der zu pflanzenden Zwiebeln. Geben Sie bei Bedarf etwas Sand oder Humus in das Loch und setzen Sie den Korb ein. In diesem Korb gruppieren Sie nun die Zwiebeln und füllen den Aushub wieder darüber.
Sie können sich aber auch **Körbe aus Maschendraht** selber bauen.

Sehr praktisch sind solche Pflanzkörbe. Sie schützen die Blumenzwiebeln vor dem Appetit der Wühlmäuse.

Dazu verwenden Sie möglichst feinen, biegsamen Maschendraht. Er sollte verzinkt sein, damit er nicht zu schnell verrottet. Aus quadratischen Stücken formen Sie halbrunde oder eckige Körbe mit hochgezogenen Rändern. Ziehen Sie die Ränder ruhig so hoch, dass sie fast bis zur Erdoberfläche reichen. So können die Tiere auch von der Seite her nicht an die Zwiebeln gelangen.

Kaninchen treten vor allem in Gebieten mit leichtem Boden in größeren Mengen auf, da sie dort leicht ihre umfangreichen Höhlen und Gänge graben können.

Die mit Zwiebeln gefüllten Pflanzkörbe werden ausreichend tief eingesetzt und mit Erde bedeckt.

Sie werden genauso eingesetzt wie die gekauften Körbe, mit Zwiebeln bestückt und abschließend wieder mit Erde befüllt.

## Das Vortreiben von Zwiebeln und Knollen

Eine gute Methode, um eine frühere Blütezeit zu erreichen, ist das Vortreiben von Zwiebeln und Knollen. Idealer Standort hierfür ist zum Beispiel ein Wintergarten, doch auch in hellen Kellern und frostfreien Nebenräumen ist das Vortreiben problemlos möglich.

### Dahlien vortreiben

Dahlien, deren Knollen im Mai in die Erde gesetzt werden, blühen in der Regel erst im Juli. Da sie sehr frostempfindlich sind, hat es keinen Sinn, die Knollen vor den Eisheiligen in den Garten zu pflanzen. Allerdings können sie im Haus schon erheblich früher, etwa ab Ende März, angetrieben werden.

Da Dahlienknollen recht groß sind, benötigen Sie dafür kleine Eimer, als Alternative tun es auch Plastiktüten. Sie werden mit Erde gefüllt, in die die Knollen eingesetzt werden. Auf den Grund gibt man am besten eine Schicht Kies, um Staunässe zu vermeiden. Wird Gartenerde mit etwas Sand und Humus vermischt, bekommen die austreibenden Knollen bereits eine ausreichende Startdüngung.

Bis sich die ersten Triebe an der Oberfläche zeigen, können die Behälter im dunklen Keller stehen. Danach müssen sie aber an einen hellen Standort gebracht werden, sonst werden die Triebe dünn und lang und belauben sich nicht. Wichtig ist es, die Pflanzen regelmäßig zu gießen.

Im Mai werden die dann schon recht stattlichen Pflanzen an ihren Standort im Garten ausgepflanzt. Legen Sie dazu die Behälter auf die Seite und ziehen Sie die Pflanzen vorsichtig heraus, damit der Wurzelballen nicht zerfällt. Plastiktüten schneiden Sie einfach auf. Ab Anfang Juni

**Die richtige Pflanzzeit**

Als Faustregel gilt, dass im Frühling und Frühsommer blühende Zwiebeln und Knollen im **Herbst gepflanzt** werden, während solche, die im Hochsommer und im Herbst blühen, im **Frühling eingesetzt** werden.

Allerdings gibt es auch bei dieser Regel einige Ausnahmen:

- **Herbst-Zeitlosen** werden, obwohl sie im September/Oktober blühen, Anfang August gepflanzt, ihre Entwicklungszeit ist extrem kurz. Sie können sich also noch kurzfristig im Sommer entschließen, wenn Sie auf diese schönen Herbstblüher nicht verzichten wollen.
- **Lilien** blühen zwar im Sommer, können aber auch schon im Herbst gesetzt werden. Sie sind dann bereits im Frühling gut eingewachsen und treiben umso kräftiger aus.
- **Madonnenlilien** *(Lilium candidum)* werden bereits im August sehr flach gepflanzt und bilden eine überwinternde Blattrosette, aus deren Zentrum sich im Frühling weiteres Laub und ein Blütenstängel entwickelt. Zur Blüte kommt sie im Juni.

zeigen sich die ersten Blüten, und bei ausreichender Versorgung mit Nährstoffen blühen die Dahlien bis zum ersten Frost weiter.

## So blühen Frühlingszwiebelblumen im Haus

Eine Methode, frühlingsblühende Zwiebeln vorzutreiben, ist die Anzucht in Töpfen, die dann zeitig ins Haus gebracht werden und durch die dort herrschenden warmen Temperaturen früh ihre Blüten öffnen. Hierfür eignen sich alle Zwiebelblumen vom Krokus über Tulpen und Narzissen bis hin zu den Hyazinthen. Als Pflanzgefäße verwendet man am besten Schalen aus Ton oder Keramik, die etwa 15 cm hoch sind. Ab September werden die Zwiebeln darin nach Wunsch arrangiert. Als Erde nimmt man gute, mit Humus vermischte Gartenerde, den Boden des Topfes bedecken Sie mit einer Schicht Kies, Tonscherben oder auch Blähton, um Staunässe zu verhindern. Dann die Schale zur Hälfte mit Erde füllen, die Zwiebeln einsetzen und die restliche Erde darüber geben. Kleinere Zwiebeln werden natürlich weniger tief gesetzt.
Stellen Sie nun die Schalen an einen kühlen, dunklen Platz, zum Beispiel in den Keller. Sie können sie aber auch im Garten eingraben. Nach 3–4 Monaten zeigen sich die ersten Triebspitzen. Jetzt werden die Schalen an einen hellen, nicht zu warmen Standort gebracht. Bei frostfreiem Wetter können die Töpfe mit den Zwiebeln ruhig draußen stehen, ansonsten sind sie im kühlen Treppenhaus oder im Wintergarten besser aufgehoben. Nach einer weiteren Woche werden die Schalen zuerst in ein kühleres Zimmer geholt, das nicht wärmer als etwa 15 °C sein sollte, um sie dann endlich in den geheizten Wohnraum holen zu dürfen, wo sie bald zu blühen beginnen. Zeigen sich die ersten Knospen, werden die Zwiebelblumen sparsam mit Volldünger gedüngt.
Nach der Blüte pflanzen Sie die Schönheiten am besten in den Garten, wo das Laub in Ruhe einziehen darf und die Zwiebeln Kraft für das nächste Jahr sammeln können.

## Großmutters Hyazinthenglas

Seit einigen Jahren wieder groß in Mode gekommen ist die Treiberei von Hyazinthen im Glas auf dem Fensterbrett. Dafür werden spezielle Hyazinthengläser verwendet, die im oberen

Zuerst wird eine wasserdurchlässige Dränageschicht eingebracht, zum Beispiel aus Sand, Kies oder Blähton. Darauf die Zwiebeln gleichmäßig in den Schalen arrangieren und mit Erde bedecken.

Nach der Überwinterung an einem geschützten Ort im Freien entwickeln sich im Frühling farbenfrohe Blüten, die uns über mehrere Wochen erfreuen.

Bereich eine Ausbuchtung haben, in der die einzelne Hyazinthenzwiebel liegt. Der untere Teil dient als Wasserbehälter, aus dem sich die Zwiebelwurzeln versorgen.

Im September/Oktober wird die Zwiebel in das Glas gesetzt und der untere Bereich so hoch mit Wasser gefüllt, dass zwischen der Wasseroberfläche und der Zwiebelunterseite etwa 1 cm Abstand bleibt. Auf die Zwiebel wird ein undurchsichtiges Papphütchen gestülpt. Nun bringen Sie das Glas in einen kühlen, dunklen Raum, am besten eignet sich ein kühler Keller.

Nach zwei Monaten haben die Wurzeln den mit Wasser gefüllten Teil gut durchwurzelt. Bringen Sie nun das Glas für eine Woche in einen hellen, aber immer noch kühlen Raum. Erst danach darf die Hyazinthe ins warme Wohnzimmer. Bald hebt der junge Trieb das Hütchen hoch, jetzt ist Zeit, es abzunehmen. Bald darauf beginnt die Hyazinthe zu blühen und verströmt ihren betörenden Duft. Nach der Blüte wird die Zwiebel am besten in den Garten gepflanzt, wo das Laub in Ruhe einziehen kann.

Eine alte Tradition wieder entdeckt: Hyazinthen in Gläsern zaubern köstlichen Duft auf die Fensterbank.

## Düngung und Pflege

Viele Zwiebel- und Knollenblumen brauchen, wenn der Boden beim Pflanzen entsprechend gut vorbereitet wurde, im ersten Jahr keine weiteren Düngergaben. Besonders die kleinen Vorfrühlingsblüher sind ausgesprochen genügsam. Anders ist es mit hochgezüchteten Sorten etwa von Tulpen, Gladiolen, Lilien und Dahlien.

Bei den **Frühlingsblühern** empfiehlt es sich, im Herbst reifen Kompost großzügig zwischen den Zwiebeln zu verteilen und leicht einzuarbeiten. Im Frühling können Sie auch nach dem Austrieb mit schnell wirkendem mineralischem Dünger düngen, um das Wachstum anzuregen. Achten Sie aber darauf, dass der Dünger nicht zu stickstoffbetont ist, da die Pflanzen sonst weichtriebig und anfällig für Schädlinge und Krankheiten werden. Auch die Blütenbildung ist dann nicht befriedigend, dafür entwickeln sich große Mengen an Laub.

Zwiebel- und Knollenblumen, die im **Sommer blühen,** werden am besten mit organischen Düngern versorgt, die langsam und kontinuierlich wirken.

### Organische und mineralische Dünger

**Organische Dünger** werden aus pflanzlichen oder tierischen Materialien hergestellt. Sie wirken langsam und gleichmäßig, da sie nach und nach von im Boden lebenden Mikroorganismen zersetzt werden, so dass die Pflanzen die enthaltenen Nährstoffe nutzen können. Bei höheren Temperaturen arbeiten die Mikroorganismen schneller, bei niedrigen Temperaturen entsprechend langsamer. Auf jeden

Reifer Kompost, am Besten im Herbst ausgebracht, ist ein hervorragender Dünger auch für Zwiebelblumen.

Fall dauert es 3–4 Wochen, bis die Pflanzen den aufgebrachten Dünger aufnehmen können.
Zur Gruppe der organischen Dünger gehören zum Beispiel reifer Kompost, Hornspäne oder Rinderdung. Doch man kann auch mit organischen Düngern leicht zu viel des Guten tun, und auch Kompost aus Rasenschnitt und Pflanzenabfällen enthält einen hohen Anteil an Stickstoff. Daher sollte er nicht zu großzügig verwendet werden.

**Mineralische Dünger** sind hingegen wasserlöslich und für die Pflanzen sofort verfügbar. Sie sind in verschiedenen Mischungen oder auch als einzelne Mineralien im Handel erhältlich. Phosphat, Kali und Stickstoff gehören in diese Gruppe. Bei ihrer Anwendung sollte man bedenken, dass jeder Überschuss, der von den Pflanzen nicht aufgenommen werden kann, schnell ins Grundwasser gelangt.
Die Regel »Viel hilft viel« ist hier auf jeden Fall fehl am Platz. Man sollte bei hohem Nährstoffbedarf der Pflanzen also lieber öfter, dafür aber sparsam düngen.
Neben rein organischen oder mineralischen Düngern sind auch Mischungen erhältlich, so genannte **organisch-mineralische** Dünger. Sie wirken schnell und lang anhaltend.

## Der pH-Wert des Bodens

Die meisten Zwiebelpflanzen bevorzugen einen mehr oder weniger neutralen Boden um einen pH-Wert von 6,5 bis 7. Nur wenige Arten sind auf besonders kalkhaltigen oder sauren Boden angewiesen und werden mit Partnern zusammengepflanzt, welche die gleichen Ansprüche haben. Den pH-Wert des Bodens kann man mit Hilfe von **Teststreifen** feststellen, die in Gartencentern und Fachgeschäften erhältlich sind.
Bei zu **saurem Boden** können Sie Kalk zugeben. Dieser sollte 2–3 Wochen vor einer organi-

Wenn Sie wissen wollen, wie gut Ihr Gartenboden mit Nährstoffen versorgt ist und was ihm eventuell noch fehlt, können Sie Proben davon an eine Bodenuntersuchungsanstalt schicken. Sie erhalten dort eine Analyse und Hinweise über eine individuell richtige Düngung.

Mit einer einfachen Analyse können Sie den pH-Wert Ihres Bodens bestimmen. Testsets dafür gibt es im Handel.

schen Düngergabe aufgebracht werden.
Bei zu **kalkreichem Boden** hilft eine Einarbeitung von Laub- und Nadelkompost. Auch aufgebrachter Rindenmulch senkt den pH-Wert des Bodens ab.

Bei Zwiebelblumen, die lange Stängel entwickeln, empfiehlt sich das rechtzeitige Anbinden. Auf diese Weise können sie auch bei Sturm nicht umkippen.

## Anbinden und Stützen hoher Arten und Sorten

Die meisten Zwiebel- und Knollenpflanzen haben kräftige Stängel und werden auch nicht sehr hoch. Einige hohe Sorten sind aber manchmal doch etwas standschwach und sollten gestützt werden. Besonders die großen Horste der hohen Dahlien fallen sonst leicht auseinander oder kippen um. Sorten mit großen, schweren Blüten sind besonders gefährdet. Nach einem kräftigen Regen hängen die Stängel zu Boden oder brechen im schlimmsten Fall ab. Eine einfache und zugleich unauffällige Methode ist, verzweigte Äste zwischen und um **horstig wachsende** Zwiebelpflanzen herum zu stecken, an die sich die Pflanzentriebe anlehnen und durch die sie hindurch wachsen können. Sie können auch Stäbe aus Holz, Bambus oder Metall im Kreis um die Pflanzen stecken und mit Schnüren verbinden. Im Handel erhältlich sind spezielle Staudenstützen, die schnell zusammengesteckt sind und sehr gute Dienste tun.
**Eintriebige hohe Zwiebelpflanzen** wie Lilien oder Gladiolen müssen einzeln an Stäben festgebunden werden. Meist verwendet man dafür dünne **Bambusstäbe,** wobei die Stängel an mehreren Punkten locker befestigt werden. Entweder verwenden Sie dafür Bast oder Sisal, oder Sie nehmen Kabelbinder aus Kunststoff, die Sie günstig im Baumarkt kaufen können. Diese werden in Form einer Acht um Stab und Stängel gelegt und verschlossen. Kabelbinder sind fast transparent, biegsam und unauffällig.
Statt der unauffälligen Bambusstäbe können Sie auch dekorative **Stäbe aus Metall** verwenden, die geschwungen oder mit besonderen Verzierungen versehen sind. Auf diese Weise ähneln kleine Gruppen mit Lilien schon fast Skulpturen.

Haben die Pflanzen nach dem Austreiben eine Höhe von etwa 50–70 cm erreicht, sollten Sie mit dem Stützen beginnen.

Falls Sie hohe Gladiolen in größeren Mengen speziell zur Schnittblumengewinnung pflanzen, können Sie sie auch einfach in eine **lange Reihe** pflanzen. Am Anfang und am Ende der Reihe setzen Sie je zwei kräftige Stützen in die Erde. Sie werden längsseitig mit mehreren Reihen Schnur verbunden. Auf diese Weise entsteht ein kleiner doppelter Zaun, in dem die Gladiolen ungehindert, aber trotzdem sicher vor dem Umknicken, wachsen können.

## Die Pflege nach der Blütezeit

Wachstum und Blüten entziehen der Zwiebel den größten Teil der gespeicherten Nährstoffe, die sie sich nach der Blüte wieder zuführen muss, um für die nächste Blütesaison gerüstet zu sein. Das ist ihr aber nur möglich, wenn man ihr nicht die letzten Reserven nimmt, die sie nach der Blüte noch hat: das Laub. Zwiebelpflanzen ziehen nach der Blüte ein, das heißt, das Laub wird welk und vergilbt. Der Blütenstängel vertrocknet langsam, währen die Samen heranreifen. Oft bildet die Zwiebel währenddessen Brutzwiebeln. Im Garten ist dieses **Welken** besonders bei Frühlingsblühern ein kleines Problem, denn das **vergilbte Laub** bietet keinen besonders attraktiven Anblick. Da man es jedoch auf keinen Fall abschneiden darf, bevor es vergilbt ist, ist es sinnvoll, Zwiebelblumen im Beet nicht in der vordersten Reihe zu platzieren, sondern – je nach Wuchshöhe – besser im mittleren und hinteren Bereich. Dort wird das unansehnliche Laub von austreibenden Stauden verdeckt.

Sind die Blüten verblüht, können sie abgeschnitten werden, um einen Kraft raubenden **Samenansatz** zu verhindern. Vor allem bei hochgezüchteten Sorten der Tulpen- und Narzissenhybriden ist dies zu empfehlen. Sie sollten keinen Samen ansetzen, da die Sämlinge sowieso nicht der Mutterpflanze entsprechen würden. Bei **Wildformen** hingegen kann eine Selbstaussaat sogar gewünscht sein, um größere Bestände zu erhalten.

Der **Stängel** sollte nicht bis zum Boden abgeschnitten werden, sondern zu mindestens einem Drittel stehen bleiben.

Im Sommer blühende, **nicht winterharte Knollen- und Zwiebelpflanzen** bleiben bis zum ersten Frost im Boden, danach werden sie aus der Erde genommen und frostfrei überwintert, zum Beispiel im Keller.

Verblühte Zwiebelblumen können ausgegraben werden und an einem anderen Ort in Ruhe einziehen.

Blüten und ein Teil des Stängels dürfen bei Bedarf nach der Blüte abgeschnitten werden.

Gesunde, unbeschädigte Zwiebeln werden bis zur Pflanzzeit kühl und trocken eingelagert. Sehr hilfreich ist dabei das Sortieren nach Pflanzenart, Farbe und Blütezeit.

## Lagerung von Zwiebeln und Knollen

Frühlingsblühende Zwiebelblumen, die nach der Blüte nicht im Beet stehen bleiben können, weil dort zum Beispiel eine Pflanzung mit Sommerblumen geplant ist, müssen nach der Blüte herausgenommen und anderweitig gelagert werden, auch dann, wenn das Laub noch nicht völlig vergilbt ist.
Wurden sie in **Pflanzkörbe** gesetzt, kann man die ganzen Körbe aus- und an anderer Stelle wieder eingraben, bis das Laub komplett vergilbt ist. Danach werden die Zwiebeln und Knollen an einer trockenen Stelle offen ausgelegt, damit sie gut austrocknen können. Der verbliebenen Laubschopf lässt sich nach der Trocknung meist mit einem leichten Ruck entfernen. Falls nicht, wird er abgeschnitten. Die Zwiebeln werden locker in **Holzkörben oder -steigen** geschichtet, wo sie den Sommer über trocken und möglichst kühl lagern. Achten Sie beim Einlegen der Zwiebeln in die Behälter darauf, dass alle Zwiebeln unbeschädigt und ohne faule Stellen sind. Sortieren Sie beschädigte Zwiebeln und Knollen auf jeden Fall aus, damit sie keine Krankheiten verbreiten können.
Zum Herbst werden die **Frühjahrsblüher** wieder eingesetzt, nachdem der Boden entsprechend vorbereitet wurde (siehe Seite 16).

Kennzeichnen Sie die Kisten mit den Sortennamen oder kurzen Beschreibungen der Blütenfarben und anderen wichtigen Merkmalen. Verschiedene Sorten immer in getrennten Kisten aufbewahren.

**Sommerblühende Zwiebeln** wie Gladiolen *(Gladiolus)* oder Kaphyazinthen *(Galtonia)* lässt man bis zum Herbst im Boden. Das Laub ist bis dahin vergilbt, so dass die Zwiebeln sich wieder in der Ruhephase befinden.
Für beide Fälle gilt: Graben Sie die Zwiebeln aus und lassen Sie sie zunächst gründlich **trocknen.** Eine sehr dekorative Art des Trocknen ist es, wenn die Zwiebeln mit Hilfe des restlichen noch vorhandenen Laubes zu Zöpfen

geflochten werden und noch eine Weile die überdachte Terrasse oder den Balkon zieren. Nach dem Trocknen werden die Zwiebeln in Kisten verpackt und im kühlen Keller **gelagert.** Auch hier die **Etikettierung** nicht vergessen, damit Sie im nächsten Frühjahr noch wissen, um welche Arten und Sorten es sich handelt.

## Dahlien überwintern

Dahlien blühen lange, bei guter Nährstoffversorgung bis zum ersten Nachtfrost. Danach ist die ganze Pracht aber dahin, und nun ist es auch an der Zeit, die Knollen aus der Erde zu nehmen. Bevor die Knollen überwintert werden können, müssen sie gut trocknen.

Schneiden Sie die Stängel bis auf einige Zentimeter zurück und hängen Sie die Knollen kopfüber an einem trockenen, luftigen Platz auf, bis die Stängelreste dürr sind. Am besten befestigen Sie sofort nach dem Herausnehmen Schildchen mit den Sortennamen oder mit Informationen zu Blüte und Wuchshöhe an den Pflanzen. Besonders dann, wenn Sie Wert auf bestimmte Farbkombinationen im Beet legen, ist es ärgerlich, wenn farblich unpassende Sorten dazwischen auftauchen.

Nachdem die Knollen gut abgetrocknet sind, kommen sie in Holzkisten. Untersuchen Sie sie vorher gründlich auf Verletzungen und Faulstellen, und werfen Sie kranke und stark beschädigte Knollen am besten weg. Sind wenige Knollenabschnitte beschädigt, der Rest aber in gutem Zustand, können diese auch abgetrennt werden, was am besten durch vorsichtiges Abreißen geschieht. Diese Knollen während des Winters immer wieder besonders gründlich kontrollieren!

Füllen Sie die Überwinterungskisten mit trockenem Torfmull, Kompost oder Rindenmulch. Dort hinein legen Sie die Knollen so, dass sie sich möglichst wenig berühren. Während des Winters wird der Torf in den Kisten regelmäßig, jedoch nur leicht angefeuchtet, damit die Knollen nicht völlig austrocknen.

Wichtig ist, dass die Knollen möglichst dunkel lagern.

Mit der Grabgabel werden die Dahlienknollen nach dem ersten Frost vorsichtig aus der Erde geholt und von Laub und Stängeln befreit. Vor der Lagerung müssen die Knollen gut abtrocknen, damit sie nicht zu faulen beginnen. Danach bekommen sie ihren Platz in der Überwinterungskiste.

Nadelreisig ist ein wirkungsvoller Schutz gegen strenge Fröste. Nach dem Austrieb der Zwiebeln werden die Zweige entfernt.

Frostempfindlichen Arten ist schon viel geholfen, wenn der Standort so durchlässig ist, dass das Wasser immer schnell versickern kann. Bei schwerem Boden hilft eine gute Dränage, wie sie auf Seite 16 beschrieben wird.

## Manchmal nötig: ein Winterschutz

Einige Zwiebel- und Knollenpflanzen sind in unseren Breiten **nicht völlig winterhart,** können mit ein wenig Schutz aber trotzdem im Boden überwintern.
Einige Arten wie, zum Beispiel Montbretien *(Crocosmia)* oder Sommerhyazinthen *(Galtonia),* halten den Winter in milden Gegenden mit etwas Schutz aus. Vielen machen nicht so sehr die niedrigen Temperaturen zu schaffen, sondern die häufigen Niederschläge während des Winters. **Wasserdurchlässiger Boden** und eine gute **Dränage** reichen bei den meisten der empfindlichen Arten aus, um sie gut durch den Winter zu bekommen. Viele Zwiebel- und Knollenpflanzen überstehen härtere Winter gut, wenn sie eine dicke, wärmende Abdeckung aus **Laubmull** erhalten. Dazu können Sie noch eine Decke aus **Nadelreisig** darüber legen, sie hält zusätzlich Niederschläge ab. Nachdem die Pflanzen mit dem Austrieb begonnen haben, können Sie den Winterschutz wieder abnehmen. Drohen nochmals Nachtfröste, sollten Sie kurzfristig das Nadelreisig nochmals auflegen.
Einige Zwiebelpflanzen, besonders zwergwüchsige Schätze für den **Steingarten,** stammen aus wintertrockenen Gebirgsregionen und nehmen ständigen **Winterregen** ausgesprochen übel. Falls man sie aber trotzdem im Alpinum pflanzen möchte, muss man ihnen Schutz vor der Nässe geben. Eine Möglichkeit ist der Bau von kleinen **Abdeckungen.** Sie können zum Beispiel aus Holz hergestellt werden, aber auch aus durchsichtigem Acryl. Diese kleinen Dächer sollten auf etwa 30 cm hohen Beinen oder Stützen stehen, damit zwischen der Platte und einer eventuell benötigten Reisigabdeckung noch genügend Luft zirkulieren kann.
Transparente Abdeckungen können übrigens auch verwendet werden, um bestimmte Zwiebelpflanzen vor zu viel **Sommernässe** zu schützen. Sie halten den Regen ab, Sonne (Achtung: Sonnenbrand!) und Licht erreichen trotzdem ungehindert die Pflanzen. Zwar sind solch heikle Arten eher etwas für Liebhaber und Experten, die bereit sind, diesen ganzen Aufwand zu betreiben, doch vielleicht packt auch Sie die Sammelleidenschaft, wenn Sie mit den unkomplizierteren Arten Erfolg hatten und die verlockenden Abbildungen in den Spezialkatalogen sehen.

## Die Vermehrung von Zwiebelpflanzen

### Brut- und Tochterzwiebeln

Viele Zwiebelpflanzen vermehren sich leicht von selbst durch Bildung von Brut- und Tochterzwiebeln. Sie bilden sich seitlich an der Hauptzwiebel und sind nach 2–3 Jahren groß genug, um selber blühen zu können. Auf diese Weise entstehen mit der Zeit bei einigen Arten richtiggehende Zwiebelklumpen.
Hasenglöckchen *(Hyacinthoides)* und Schneeglöckchen *(Galanthus)* bilden zum Beispiel sehr reichlich **Brutzwiebeln,** so dass sie zu großen Horsten zusammenwachsen. Die Brutzwiebeln können Sie leicht abtrennen und an einem anderen Standort wieder auspflanzen. Aber auch Tulpen, Narzissen und andere Zwiebelblumen bilden Brutzwiebeln, nur nicht ganz so reichlich. Sind die Brutzwiebeln noch klein, werden sie zunächst in ein **Vermehrungsbeet** gesetzt. Nach 1–3 Jahren sind die Zwiebeln so groß, dass sie an ihren endgültigen Standort gepflanzt werden können.
Manchmal lässt nach einigen Jahren die Blüte bei Zwiebelpflanzen nach. Der Grund ist oft eine so starke Bildung von **Tochterzwiebeln** über die Jahre hinweg, dass die einzelnen Zwiebeln zu dicht gedrängt zusammensitzen, um sich noch gut entwickeln zu können. In diesem Fall müssen die Zwiebelklumpen auseinander gebrochen werden. Die einzelnen Zwiebeln werden dann getrennt wieder eingepflanzt und blühen dann wieder reichlich.

### Die Vermehrung von Lilien

Lilien bilden oberirdische Achselbulben oder unterirdische Stängelbulben aus, kleine Brutzwiebeln, die direkt am Stängel ausgebildet werden.

Durch das vorsichtige Abtrennen von Brutzwiebeln lassen sich viele Zwiebelblumen auf einfache Art vermehren. Die Zwiebelklumpen von zum Beispiel Schneeglöckchen werden mit einem Ruck auseinander gerissen und die Teilstücke anschließend wieder eingepflanzt.

**Stängelbulben** sitzen oberhalb der Zwiebel, meist 1–2 cm unter der Erdoberfläche. **Achselbulben** sitzen in den Blattachseln. Beide Formen lassen sich leicht ablösen. Sie werden entweder in **Töpfe** oder auf ein spezielles **Vermehrungsbeet** gepflanzt. Dabei müssen die Töpfe im Winter draußen stehen bleiben, denn die Bulben benötigen die Kälteperiode, um im folgenden Frühjahr zügig wachsen zu können.
Lilien lassen sich aber auch vermehren, indem einzelne **Schuppen** von den Zwiebeln **abgetrennt** werden. Dies geschieht am besten im Herbst. Geben Sie die Zwiebelschuppen zusammen mit einem Sand-Torf-Gemisch in einen Plastikbeutel. Dieser wird den Winter über entweder draußen an einem schattigen Platz aufbewahrt, oder Sie legen ihn bis zum Frühjahr in den Kühlschrank. Diese kühle Ruheperiode ist sehr wichtig, denn ohne sie werden weder Wachstum noch Wurzelbildung im Frühjahr angeregt.

Lilien bilden Stängelbulben, aus denen sich neue Pflanzen entwickeln. Sie brauchen eine Überwinterung im Freien.

## Die Vermehrung von Knollen

Knollen werden am besten durch **Teilung** vermehrt. Schneiden Sie die Knollen so durch, dass jedes Teilstück mindestens eine Triebknospe aufweist. Die Schnittwunden sollten Sie mit **Aktivkohle** bestäuben, um Infektionen zu verhindern.
Der Zeitpunkt für die Knollenteilung ist je nach Art unterschiedlich. Dahlien werden im Frühjahr direkt vor der Pflanzung geteilt, Anemonen und Winterlinge kurz bevor sie einziehen, denn später sind die Triebansätze nicht mehr zu sehen. Auf jeden Fall müssen die Teilstücke sofort wieder eingesetzt werden, sonst trocknen sie aus und wachsen nicht mehr gut an.

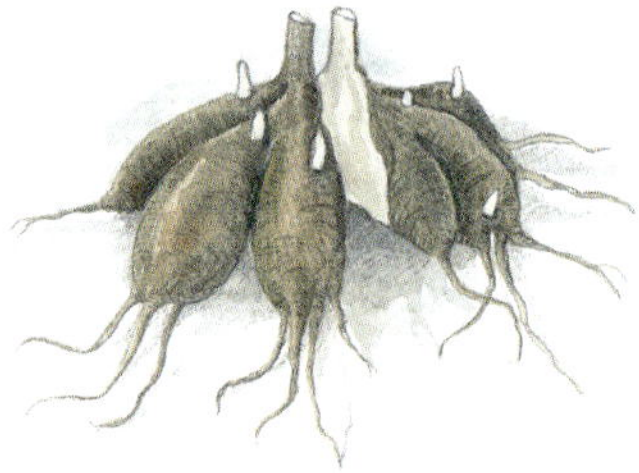

Dahlien können leicht vermehrt werden, indem man Teilstücke abtrennt. Jedes Teilstück sollte dabei mindestens ein »Auge« haben.

## Die Aussaat

Viele Zwiebel- und Knollenpflanzen, besonders die Wildformen, setzen reichlich **Samen** an. Lässt man die Samen ausreifen, vermehren sich diese Arten von alleine. Die Samen von Winterlingen *(Eranthis)* werden zum Beispiel von Ameisen in alle Richtungen verschleppt und keimen problemlos. Auch Blausternchen *(Scilla)* und Milchstern *(Ornithogalum)* säen sich reichlich selbst aus.

In der Regel lohnt es sich nicht, die Samen von Zwiebelpflanzen auszusäen, denn bis zur Blüte können 3–6 Jahre vergehen. Falls Sie das Experiment aber trotzdem wagen möchten, säen Sie die Samen gleich nach der Reife im **Saatbeet** oder in **Töpfen** aus. Die meisten Zwiebelblumensamen benötigen zur Keimung eine vorangegangene **Kälteperiode,** weshalb auch die Töpfe im Winter im Freien stehen müssen.

Für geduldige Naturen kann es reizvoll sein, Samen von Lilienhybriden auszusäen und abzuwarten, ob schöne neue Sorten daraus entstehen. Viele Hobbyzüchter sind auf diesem Gebiet tätig. Aber gewöhnlich lohnt sich die Mühe kaum, denn die meisten Sämlinge sind keine Verbesserungen der Elternsorten, und die Saatbeete können besser für die Anzucht von Staudenarten oder Zweijährigen genutzt werden.

Verwilderte Zwiebelblumen bilden durch Aussaat und Brutzwiebelbildung farbenfrohe Teppiche. Sie schieben ihre Blütenköpfchen durch das beginnende Grün der Stauden.

## Krankheiten und Schädlinge

Auch gut gepflegte und ernährte Pflanzen werden manchmal von Krankheiten und Schädlingen befallen. Ist der Befall jedoch nur gering, kann auf Bekämpfungsmaßnahmen verzichtet werden. Chemische Bekämpfungsmethoden sollten sowieso möglichst unterbleiben, denn sie sind ein schwerer Eingriff in den Naturkreislauf. Erste Wahl stellen deshalb vorbeugende Maßnahmen dar, die die Pflanzen stärken und gesund erhalten. Diese Maßnahmen gelten für alle Pflanzen, daher natürlich auch für Zwiebel- und Knollenpflanzen.

### Vorbeugende Maßnahmen für gesunde Pflanzen

- Wichtig für eine gutes Gedeihen der Pflanzen ist eine sorgfältige Bodenvorbereitung und eine auf die Bedürfnisse der Pflanzen abgestimmte Düngung (siehe Seite 16 und 24). Besonders eine zu großzügige Stickstoffdüngung führt zu mastigen, anfälligen Pflanzen.
- Undurchlässiger Boden, auf dem das Wasser schlecht abzieht, begünstigt die Fäulnis-

Wühlmäuse sind trotz ihres niedlichen Aussehens gefürchtete Gartenschädlinge, die nur sehr schwer zu vertreiben sind.

bildung bei Knollen- und Zwiebelpflanzen. Eine gute Lockerung sowie Verbesserung der Durchlässigkeit sind die wichtigsten Vorbereitungsmaßnahmen vor der Pflanzung.

- Gießen Sie nur bei Bedarf und besser selten, dafür aber ausgiebig.
- Setzen Sie Pflanzen mit üppigem Laub nicht zu dicht, denn dadurch werden Pilzkrankheiten wie Mehltau begünstigt.
- Achten Sie auf die Pflegehinweise und Standortangaben in den Pflanzenporträts, um den Ansprüchen der Pflanzen gerecht zu werden.

Zwiebel- und Knollenpflanzen haben die besten Chancen auf eine gute Gesundheit und reiche Blüte, wenn sie Standort gerecht gepflanzt und ihren spezifischen Ansprüchen gemäß gepflegt werden.

## Wühlmäuse

Um Zwiebeln und Knollen vor dem Verbiss zu schützen, werden sie an gefährdeten Standorten in speziellen Pflanzkörben in die Erde gesetzt (siehe Seite 21). Wühlmäuse dauerhaft zu vertreiben, ist sehr schwierig. Auf dem Markt sind verschiedene **Fallen,** aber die Mäuse sind sehr schlau und haben einen ausgesprochen guten Geruchssinn, so dass sie die Fallen meist meiden. Manchmal hilft es, größere Mengen an **Hunde- oder Menschenhaaren** in die Gänge zu schieben, um die Wühlmäuse zu vertreiben. Auch Systeme, die für Menschen unhörbare **Ultraschalltöne** erzeugen, können in den Gängen ausgelegt werden und sollen die Mäuse verjagen. Auch im Garten geduldete Katzen können Mäusepopulationen zumindest dezimieren.

## Schnecken

Frische Triebe, besonders von Dahlien, sind für Schnecken absolute Leckerbissen. **Nacktschnecken** sind in der Lage, in einer Nacht ganze Beete mit frisch ausgetriebenen Pflanzen zu vernichten. Für die Abwehr gibt es verschiedene Möglichkeiten.

Sie können die Nacktschnecken bei Dunkelheit, wenn sie aus ihren Verstecken kommen, **aufsammeln** und entweder an einer weit entfernten Stelle wieder aussetzen oder vernichten.

Schaffen Sie im Garten Unterschlupfmöglichkeiten für **Igel.** Sie vertilgen große Mengen von Schnecken.

Sie können auch **Barrieren** (Schneckenzäune) um die zu schützenden Pflanzen errichten, die für Schnecken unüberwindlich sind.

Bierfallen sind eine gute Möglichkeit, um die gefürchteten und gefräßigen Nacktschnecken zu dezimieren.

Breite Streifen aus trockenem **Gesteins- oder Sägemehl** sind für Schnecken ein wirksames Hindernis, allerdings müssen sie nach Regenfällen immer wieder erneuert werden und sehen nicht sehr attraktiv aus.
Auch **Bierfallen** sind eine wirksame Methode gegen Schneckenplagen. Graben Sie dazu Joghurtbecher oder ähnliche Behälter so ein, dass der obere Rand mit dem Erdboden abschließt. Die Schnecken werden durch das Bier angelockt, fallen hinein und ertrinken.
**Schneckenkorn** auf Schwefelbasis ist umweltverträglich und auch unbedenklich für Igel und andere Nützlinge im Garten.

## Blattläuse

Blattläuse siedeln sich in dichten Kolonien mit Vorliebe an frischen, noch weichen Trieben an. Die meisten Zwiebelpflanzen werden von Blattläusen nicht befallen, eben weil ihnen diese weichen Triebe fehlen. Dahlien sind aber leider auch bei ihnen besonders beliebt.
Achten Sie immer darauf, dass Sie nicht zu stickstoffbetont düngen, damit die Stängel und Blätter nicht so weich sind. Kleine Kolonien kann man leicht mit den Fingern abstreifen und zerdrücken. Sind einzelne Triebe stark befallen, sollte man sie entfernen.
Eine sanftes Mittel ist das Überbrausen mit **Schmierseifenlösung.** Viele Singvögel ernähren sich und ihre Brut auch von Blattläusen. Hängen Sie **Nistkästen** auf, damit sich möglichst viele von ihnen in Ihrem Garten heimisch fühlen.

## Lilienhähnchen

Bei den Lilienhähnchen handelt es sich um etwa 1 cm lange, lackrote Käfer, die das Laub und die Stängel von Lilien anfressen. Auch ihre Larven ernähren sich von Lilien. Am wirksamsten ist das regelmäßige Absammeln der Tiere. Die Schäden halten sich aber meist in Grenzen. Zu den natürlichen Feinden der Lilienhähnchen gehören Igel und Vögel.

## Botrytis-Zwiebelfäule

Ein Befall mit Botrytis-Pilzen zeigt sich durch braun werdende, faulende Zwiebeln, die nur sehr kümmerlich austreiben. Befallene Zwiebeln müssen sofort entfernt werden, damit andere Zwiebeln nicht infiziert werden. Meist tritt diese Krankheit bei zu feuchtem Stand auf Böden mit schlechtem Wasserabzug auf. Dagegen hilft eine gründliche Bodenvorbereitung mit einer wirksamen Dränage.

Die farbenprächtigen Lilienhähnchen nagen bevorzugt das Laub und die Knospen von Lilien und Kaiserkronen an.

## Blattfleckenkrankheit

Überwiegend Dahlien werden von dieser Krankheit befallen. Man kann nur vorbeugen, indem man die Dahlien nicht zu dicht pflanzt und häufiger den Standort wechselt.

### auf einen blick

- Standortgerechte Pflanzung und artgemäße Pflege sind die beste Gewähr für gesunde Pflanzen.
- Standortbedingungen können durch Bodenbearbeitung und Düngung verbessert werden.
- Locken Sie durch Nistmöglichkeiten Nützlinge in Ihren Garten.

# Die schönsten Zwiebel- und Knollenblumen im Porträt

Ob im Steingarten, im Beet oder unter Gehölzen, ja sogar in Töpfen und Kästen, ob frühjahrs- oder sommerblühend – Zwiebel- und Knollenpflanzen lassen keine Wünsche offen.

Zeichenerklärung
✿ = Blütezeit
4–5 = Monate
⬆ = Wuchshöhe
○ = Sonnig
◑ = Halbschattig
● = Schattig

Ab Seite 38 werden die wichtigsten Zwiebel- und Knollenpflanzen beschrieben sowie deren Ansprüche an Boden, Licht und Pflegemaßnahmen erläutert. Um Ihnen die Auswahl zu erleichtern, sind sie in drei Gruppen eingeteilt:

- Zwiebel- und Knollenblumen, die im Vorfrühling oder Frühling blühen (ab Seite 38)
- Zwiebel- und Knollenblumen, die im Spätfrühling oder Fühsommer blühen (ab Seite 63)
- Zwiebel- und Knollenblumen, die im Hochsommer oder Herbst blühen (ab Seite 68)

Innerhalb der Gruppen sind die Pflanzen alphabetisch nach ihren botanischen Namen sortiert.

◀ *Muscari armeniacum,* in großen Gruppen gepflanzt, begleitet diesen kleinen Bachlauf im Garten mit seinem kräftigen Blau. Die Fernwirkung solcher Teppichpflanzungen ist enorm, ein echter eyecatcher!

## Botanische und deutsche Namen

Die botanischen Namen sind vielleicht nicht jedem ein Begriff, sie sind aber unentbehrlich für die eindeutige Identifizierung. Die deutschen, oft volkstümlichen Bezeichnungen sind häufig nicht eindeutig und auch regional verschieden.
Botanische Namen bestehen aus zwei Teilen: dem **Gattungsnamen** und dem **Artnamen.** Zusätzlich können die Pflanzen noch **Sortennamen** tragen, die immer in Hochkommata stehen müssen. Pflanzen, die aus verschiedenen Arten gezüchtet wurden, bezeichnet man als **Hybriden.**

**Beispiel:**
*Crocus* (Gattungsname) *tommasianus* (Artname) =Elfen-Krokus.
*Fritillaria* (Gattungsname) *imperialis* (Artname) ‘Lutea’ (Sortenname) = Gelbe Kaiserkrone.

Viele Frühlingsblüher, sowohl Zwiebelblumen als auch Stauden, bestechen durch besonders bunte Blütenfarben, die sich mit Hilfe hübscher Accessoirs noch untermalen lassen.

## Blütezeit: Vorfrühling oder Frühling

Viele Zwiebelblumen tragen mit ihren bunten Blüten zu einem farbenfrohen Frühling bei.

### Bär-Lauch
***Allium ursinum***

✿ 4–5 ⬆ 30–40 cm ◑–●

**Wuchs:** Aus der Zwiebel entwickelt sich ein dünner Stängel mit mehreren zungenförmigen, frisch-grünen Blättern.

Bärlauch *(Allium ursinum)* bildet dichte Bestände und ist während der Blütezeit am Knoblauchgeruch zu erkennen.

**Blüte:** Weiße Sternchenblüten in lockeren halbkugeligen Dolden am Stängelende.
**Standort:** Heimische Waldpflanze der Buchen- und Eichenwälder, wo sie riesige Bestände bildet. Vor und während der Blütezeit leicht durch den intensiven Knoblauchgeruch zu orten. Benötigt humosen, aber durchlässigen Boden im Halbschatten oder Schatten. Bevorzugt kalkhaltigen Boden, wächst aber auch auf neutralen oder leicht sauren Böden.
**Pflege:** Die Zwiebeln werden im Herbst in größeren Gruppen 5–10 cm tief gepflanzt. Danach wird die Pflanzung dick mit Laubmull und -kompost zugedeckt. Auch später sollte immer wieder Falllaub aufgebracht werden.
**Verwendung:** In großen Gruppen unter und zwischen Gehölzen. Sehr schön als Unterwuchs von Rhododendren und Azaleen, Kerrien und anderen Schatten verträglichen Gehölzen. Die weißen Blüten harmonieren mit allen anderen Blütenfarben. Das Laub, das vor der Blütezeit geerntet wird, kann in der Küche als Gewürz verwendet werden. Eine Spezialität aus dem Harz ist die so genannte »Ramsenwurst«, eine harte Mettwurst, die mit klein gehackten Bärlauchblättern gewürzt wird und nur im April/Mai erhältlich ist.

Dichte Teppiche der Strahlen-Anemone *(Anemone blanda)* schmücken sich ab März mit reizenden Strahlenblüten.

### Apennin-Windröschen
***Anemone apennina***

✿ 4–5 ⬆ 10–15 cm ○–◑

**Wuchs:** Knollenblume, die große Kolonien bildet. Gefiedertes, dunkelgrünes Laub.
**Blüte:** Flach ausgebreitete Strahlenblüten, blau-violett.
**Standort:** Gedeiht am besten auf humosem, durchlässigem Boden, sonnig oder lichtschattig.
**Pflege:** Pflanzung etwa 5 cm tief im Herbst, am besten in nicht zu kleinen Gruppen. Die Knollen sollten vor dem Pflanzen einen Tag im Wasser quellen, sie sind dann weniger brüchig. Gelegentliche Humusgaben fördern das Wachstum.
**Verwendung:** In kleinen Kolonien unter Bäumen und Sträuchern, durch die Vermehrung mit Hilfe

von Brutknollen schnelle Ausbreitung. Sehr schön im Kombination mit gleichzeitig blühenden Ziersträuchern.

**Bewährte Sorten:**

'Alba', weißblühend.

'Purpurea', violettrot.

### Strahlen-Anemone
### *Anemone blanda*

✿ 3–5 ⬆ 20–25 cm ◑

**Wuchs:** Knollenblume, die schnell größere Kolonien bildet. Laub dunkelgrün, fingerartig gefiedert.

**Blüte:** Flache Strahlenblüten mit gelben Staubgefäßen in Blau- und Violetttönen.

**Standort:** Trockener bis frischer, humoser Boden, sonnig bis lichtschattig. Ideal unter dem lichten Dach sommergrüner Gehölze, die zur Blütezeit genügend Licht an die Pflanzen lassen.

**Pflege:** Die Knollen werden im Herbst etwa 5 cm tief gepflanzt, am besten vorher einen Tag in Wasser quellen lassen. Für gelegentliche Humusgaben dankbar, in rauen Gegenden ist auch eine Laubschüttung als Winterschutz sinnvoll.

**Verwendung:** In größeren Gruppen unter Gehölzen. Bei ungestörtem Stand bilden sich rasch größere Kolonien. Auch gemischte Teppiche aus Strahlenanemonen, weißen und gelben Buschwindröschen sind sehr reizvoll.

**Bewährte Sorten:**

'Atrocoerulea', purpurviolett.

'Blue Shades', leuchtend blau.

'Charmer', rosa mit weißer Mitte.

'Radar', violettrot mit weißer Mitte.

'White Splendour', reinweiß.

### Busch-Windröschen
### *Anemone nemorosa*

✿ 3–4 ⬆ 15–25 cm ◑

**Wuchs:** Kolonien bildend, Laub fingerförmig gefiedert.

**Blüte:** Schalenförmig, weiß oder hellrosa.

**Standort:** Humoser, frischer Boden, lichtschattig. Heimische Knollenpflanze in Laubwäldern.

**Pflege:** Die Knollen werden im Herbst in großen Gruppen gepflanzt. Gelegentliche Humusgaben sind sinnvoll, am besten das Falllaub liegen lassen. Bei ungestörtem Stand bilden sich rasch große Kolonien.

**Verwendung:** Unter Gehölzen, sehr schön in Verbindung mit dem ebenfalls heimischen Leberblümchen *(Hepatica nobilis)*.

**Sorten und verwandte Arten:**

'Alba Plena', weiß mit gefüllter Blüte.

'Robinsoniana', hell lilarosa.

Hahnenfuß-Windröschen *(Ane-*

Das Busch-Windröschen *(Anemone nemorosa)* wirkt am besten in großen Gruppen. Im Laufe der Jahre breitet es sich zu dichten Matten aus und bedeckt das Erdreich vollständig.

◀ Die Blüte der Frühlings-Lichtblume *(Bulbocodium vernum)* trotzt auch Eis und Schnee, ohne Schaden zu nehmen.

*mone ranunculoides),* kräftig gelb blühend, ansonsten sehr ähnlich.
Leipziger Windröschen *(Anemone × lipsiensis),* eine ganz reizende Naturhybride zwischen *A. nemorosa* und *A. ranunculoides,* zart primelgelb blühend.

## Frühlings-Lichtblume
## *Bulbocodium vernum*

✿ 2–3 ⬆ 10–15 cm ○

**Wuchs:** Breit riemenfömiges, dunkelgrünes Laub, erscheint oft erst nach der Blüte.
**Blüte:** Aus einer Zwiebel entwickeln sich 2–3 sternförmige rosaviolette Blüten. In voll aufgeblühtem Zustand fallen sie häufig etwas auseinander.
**Standort:** Frischer, aber durchlässiger Lehmboden. Vollsonnige Lage wird bevorzugt.
**Pflege:** Die Zwiebeln werden im Herbst 10 cm tief in kleinen Gruppen gepflanzt. Zu schweren Boden mit Sand abmagern. Nach einigen Jahren können im Spätsommer Brutzwiebeln für die Vermehrung abgenommen werden.
**Verwendung:** Im Steingarten, im Alpinum oder auch in Töpfen und Schalen. Der Standort sollte so gewählt werden, dass man die kleinen Blüten gut betrachten kann.

## Großer Schneestolz
## *Chionodoxa gigantea*

✿ 3–4 ⬆ 20–25 cm ○–◑

**Wuchs:** Ein drahtiger Stängel je Zwiebel, linealisches, frischgrünes Laub. Durch Brutzwiebeln Kolonien bildend.
**Blüte:** Sternförmig, blau mit weißer Mitte, in lockeren Trauben am oberen Stängelbereich sitzend.
**Standort:** Mäßig frischer bis frischer, nahrhafter Boden, sonnig oder halbschattig. Im lichten Schatten von Gehölzen.
**Pflege:** Die Zwiebeln werden im Herbst in Gruppen etwa 10 cm tief gepflanzt. An zusagender Stelle breiten sie sich rasch aus und bilden größere Teppiche. Gelegentliche Gaben von Humus fördern das Wachstum.
**Verwendung:** In Gruppen unter Bäumen und Sträuchern, auch zwischen Bodendeckern. Gute Partner sind kleine Narzissen und Winterlinge *(Eranthis).* Auch für die Verwilderung im halbschattigen Rasenbereich geeignet.
**Bewährte Sorte:**
'Pink Giant', zartrosa mit weißer Mitte.

## Glänzender Schneestolz
*Chionodoxa luciliae*

✿ 3–4 ⬆ 10–15 cm ○–◑

**Wuchs:** Kolonien bildend, Laub grasgrün, linealisch, aufrecht stehend. Pro Zwiebel ein Blütenstiel.
**Blüte:** Porzellanblaue Sternblüten mit weißem Auge, in lockeren endständigen Trauben.
**Standort:** Alle mäßig trockenen bis frischen Böden, Sonne oder Halbschatten.
**Pflege:** Die Zwiebeln werden im Herbst 5–10 cm tief in Gruppen gepflanzt. Gelegentliche Humusgaben fördern das Wachstum. An zusagendem Standort bilden sich rasch größere Teppiche.
**Verwendung:** Vor und zwischen lichten Gehölzen, auch vor Hecken. Am besten sind Plätze, an denen sich der Schneestolz ungestört ausbreiten kann. Schön sind ausgedehnte Pflanzungen mit gemischten blauen und rosa Sorten.
**Bewährte Sorte:**
'Rosea', rosa blühend, bis 20 cm.

Der Schneestolz *(Chionodoxa luciliae)* hellt mit seinen Sternchenblüten dunkle Gartenpartien auf. Hier die Sorte 'Rosea'.

## Silberlack-Krokus
*Crocus biflorus*

✿ 2–3 ⬆ 5–10 cm ○–◑

**Wuchs:** Eintriebig, mit schmal linealischem Laub. Durch Brutzwiebeln bilden sich kleine Tuffs.
**Blüte:** Weiß bis zart violett, mit purpurfarbenen Streifen. Der Blütenschlund ist gelb.
**Standort:** Durchlässiger Boden in Sonne oder Halbschatten.
**Pflege:** Die Zwiebeln werden im Herbst etwa 5 cm tief gepflanzt und können jahrelang an der gleichen Stelle stehen bleiben.
**Verwendung:** Wertvoll durch die sehr frühe Blütezeit. Für Steingärten, im Vordergrund sonniger Beete. Auch für die Kultur in Töpfen gut geeignet.
**Gartenwürdige Varietäten:**
*C. biflorus* var. *adamii,* blauviolett mit weit geöffneter Blüte.
*C. biflorus* var. *parkinsonii,* Innenseite weiß mit gelbem Schlund, Außenseite cremefarben.

Der Silberlack-Krokus *(Crocus biflorus)* ist ein ganz reizender und früh blühender Vertreter der umfangreichen Krokus-Familie.

*C. biflorus* var. *weldenii* 'Fairy', reinweiße Blüten, außen hellgrau überhaucht.

## Kleinblütiger Krokus
*Crocus chrysanthus*

✿ 2–3 ⬆ 5–10 cm ○

**Wuchs:** Aus einer Zwiebel entwickeln sich mehrere schmal linealische Blätter mit weißem Mittelstreifen. Bildet wenig Brutzwiebeln.
**Blüte:** Trichterförmig, leicht geöffnet, so dass die gelben Staubgefäße gut sichtbar sind. Auf kurzen Blütenstängeln aufrecht sitzend. Die Art hat hellgelbe Blüten.

Elfen-Krokus *(Crocus tommasianus* 'Ruby Giant') zusammen mit *Iris reticulata* im Steingarten. Die Walzen-Wolfsmilch *(Euphorbia myrsinites)* breitet sich weiter aus.

**Standort:** Sonnige, warme und geschützte Standorte mit durchlässigem Boden werden bevorzugt. Staunasse Böden sind nicht geeignet.
**Pflege:** Die Zwiebeln werden im Herbst etwa 5 cm tief in kleinen Tuffs gepflanzt. Am besten entwickeln sie sich an ungestörten Plätzen.
**Verwendung:** In Steingärten und an sonnigen Hängen, auf Trockenmauern.
**Bewährte Sorten:**
'Cream Beauty', cremeweiß mit rundlicher Blütenform.
'Prins Claus', weiß, lila getuscht.
'Snowbunting', blüht reinweiß.
'Zwanenburg Bronce', gelb mit broncefarbener Außenseite.

### Siebers Krokus
### *Crocus sieberi*

✿ 2–3 ⬆ 5–6 cm ○

**Wuchs:** Der Zwiebel entspringen schmal linealische Blütter mit weißem Mittelstreifen. Durch Brutzwiebeln Kolonien bildend.
**Blüte:** Hell- bis dunkelviolett, kelchförmig, etwas geöffnet, so dass die gelben Staubgefäße sichtbar werden. Einzeln auf kurzen, drahtigen Stängeln sitzend.
**Standort:** Durchlässiger, trockener bis mäßig frischer Boden, möglichst sonnig.
**Pflege:** Die Zwiebeln werden im Herbst etwa 5 cm tief in Gruppen gepflanzt. Gelegentlich kleine Mengen Dünger geben.
**Verwendung:** Reizender Zwergkrokus für Steingärten, Mauerkronen und sonnige Beetränder.
**Bewährte Sorten und Unterarten:**
'Firefly', intensiv lila.
'Tricolor', violett mit gelbem Schlund und weißem Mittelring.
*C. sieberi* var. *atticus,* hellviolett mit gelbem Schlund.

### Elfen-Krokus
### *Crocus tommasianus*

✿ 2–3 ⬆ 10 cm ○–◑

**Wuchs:** Grasartiges Laub mit weißem Mittelstreifen, bildet rasch größere Kolonien durch Versamung und Brutzwiebelbildung.
**Blüte:** Zierliche Trichterblüten, violett.
**Standort:** Alle mäßig trockenen bis frischen Gartenböden, sonnig bis halbschattig.
**Pflege:** Die Zwiebeln werden im Herbst etwa 5 cm tief in kleinen Gruppen gepflanzt. Gelegentliche leichte Düngergaben fördern das Wachstum.
**Verwendung:** Verwilderung unter lichten Gehölzen oder im Rasen.
**Bewährte Sorten:**
'Ruby Giant', kräftig violett, 15 cm.
'Whitewell Purple', purpurviolett, 15 cm.

Der großblütige Krokus *(Crocus vernus)* lässt sich gut für die Verwilderung im Rasen verwenden.

Crocus vernus 'Yellow Mammoth' bildet kräftige Tuffs, seine Blüten leuchten in einem kräftigen Gelb.

**Großblütiger Krokus**
***Crocus vernus***

✿ 2–3 ⬆ 15 cm ○–◑

**Wuchs:** Grasartiges Laub mit weißem Mittelstreifen, bildet mit der Zeit kleine Trupps, vermehrt sich aber insgesamt langsam.
**Blüte:** Trichterförmig mit rundlichen Blütenblättern. Verschiedene Farben.
**Standort:** Frischer, aber durchlässiger Boden. Verträgt keine Staunässe.
**Pflege:** Die Zwiebeln werden im Herbst in kleinen Gruppen gepflanzt. Dankbar für gelegentliche leichte Düngergaben.
**Verwendung:** Gut für die Verwilderung im Rasen, am besten in kleinen Gruppen. Besonders gut geeignet für die Bepflanzung von Töpfen und Schalen, in Kombination mit Tulpen und Narzissen.

**Bewährte Sorten:**
'Flower Record', kräftig lila.
'Jeanne d' Arc', reinweiß.
'Pickwick', lila-weiß gestreift.
'Yellow Mammoth', gelb.

**Frühlins-Alpenveilchen**
***Cyclamen coum***

✿ 2–4 ⬆ 5–10 cm ◑

**Wuchs:** Kleine Knollenpflanze, die durch Selbstaussaat Kolonien bildet. Laub nierenförmig, dunkelgrün mit heller Zeichnung.
**Blüte:** Rosa, duftend, typische Veilchenblüte.
**Standort:** Humoser, frischer bis mäßig trockener Boden, halbschattig, geschützt.
**Pflege:** Die Knollen werden im Herbst etwa 5 cm tief gepflanzt. Die Erde sollte dabei mit reichlich Laubhumus vermischt werden. Beim Pflanzen muss die

Das Frühlings-Alpenveilchen *(Cyclamen coum)* bildet lockere Bestände, zwischen denen auch andere Frühlingsblüher, z.B. *Scilla siberica,* Platz finden.

Seite mit dem Wurzelansatz nach oben zeigen (siehe S. 18)!
**Verwendung:** In großen Gruppen unter lichten Gehölzen. Ideal für die Verwilderung.

### Winterling
### *Eranthis hyemalis*

✿ 2–3 ⬆ 5–10 cm ○–◑

**Wuchs:** Kleine Knollenpflanze, die durch Versamung und Ausläufer große Teppiche bildet. Dunkelgrünes, handförmig geschlitztes Laub.
**Blüte:** Gelbe, duftende Schalenblüten mit halskrausenartigen Hochblättern.
**Standort:** Frischer bis mäßig trockener Boden in Sonne oder Halbschatten. Der Boden sollte auf jeden Fall durchlässig sein.

Die Blüten des Winterlings schließen sich bei Regenwetter, während sie bei Sonnenschein weit geöffnet sind.

**Pflege:** Die Zwiebeln werden im Herbst etwa 5 cm tief in größeren Gruppen gepflanzt. Achten Sie beim Kauf darauf, dass die Knollen nicht ausgetrocknet sind, sie wachsen sonst nicht an.
**Verwendung:** Für die Verwilderung im Rasen und unter lichten Gehölzen. Sehr schön in Kombination mit Blausternchen *(Scilla)* und Schneeglöckchen *(Galanthus nivalis)*.
**Weitere verwandte Art:** *Eranthis × tubergenii,* in allen Teilen größer, bis 15 cm, setzt keine Samen an.

### Forellenlilie, Hundszahnlilie
### *Erythronium dens-canis*

✿ 4 ⬆ 10–15 cm ○–●

**Wuchs:** Durch Brutzwiebelbildung horstartig, Laub zungenförmig, grün mit brauner Zeichnung.
**Blüte:** Lilienblüten, nickend, Blütenblätter zurückgebogen.
**Standort:** Humusreicher, frischer bis mäßig trockener Boden, halbschattig bis schattig, gedeiht bei ausreichender Bodenfeuchte aber auch in der Sonne.
**Pflege:** Die Zwiebeln werden im Herbst in kleinen Gruppen etwa 10 cm tief gepflanzt. Gelegentliche Humusgaben fördern die Entwicklung.

Die Hunszahnlilie *(Erythronium dens-canis)* ist ein kleines Juwel und möchte aus der Nähe betrachtet werden.

**Verwendung:** Gut geeignet zur Verwilderung unter Gehölzen, aber auch in schattigen Steingartenpartien.

### Gelbe Forellenlilie
### *Erythronium* 'Pagoda'

✿ 4 ⬆ 20–25 cm ○–●

**Wuchs:** Horstartig durch Brutzwiebelbildung, Laub zungenförmig, frischgrün mit netzartiger Zeichnung.
**Blüte:** Kräftig gelbe Lilienblüte mit zurückgeschlagenen blütenblättern.
**Standort:** Humoser, frischer bis mäßig trockener Boden, am besten im Halbschatten oder lichten Schatten.

**Pflege:** Die Zwiebeln werden im Herbst 10 cm tief in kleinen Gruppen gepflanzt. Gelegentliche Humusgaben fördern das Wachstum.
**Verwendung:** In kleinen Gruppen unter Gehölzen oder im mitteren Bereich von halbschattigen Staudenbeeten. Breitet sich an zusagendem Platz langsam aus.
**Verwandte Art:**
*Erythronium revolutum* 'White Beauty', cremeweiß, 15 cm.

Die Kaiserkrone *(Fritillaria imperialis)* dominiert mit ihrem auffälligen Blütenkranz auf hohem Stängel den Frühlingsgarten. An zusagender Stelle breitet sie sich rasch aus.

Die Gelbe Forellenlilie erinnert von ihrer Blütenform her stark an Türkenbundlilien, blüht aber bereits im April.

**Kaiserkrone**
***Fritillaria imperialis***

✿ 4 ⬆ 60–100 cm ○

**Wuchs:** Aus der Zwiebel wächst ein kräftiger, hoher Stängel, der von frischgrünen, lanzettlichen Blättern umgeben ist. Über dem Blütenkranz erhebt sich ein zusätzlicher Blätterquirl.
**Blüte:** Orange, glockig, zu mehreren als Quirl am Stängelende.
**Standort:** Nahrhafter, aber lockerer und durchlässiger Gartenboden ohne Staunässe. Bevorzugt sonnigen, warmen Stand.
**Pflege:** Die Zwiebeln werden im Herbst 30 cm tief in die Erde gesetzt. Stängel nach der Blüte bis zu den Blättern zurückschneiden, um einen Kraft raubenden Samenansatz zu verhindern.
**Verwendung:** In kleinen Gruppen in Rabatten.
**Bewährte Sorten, verwandte Art:**
'Lutea', gelb blühend.
'Rubra Maxima', rot.
'Prolifera', orange mit doppeltem Blütenkranz.
*Fritillaria raddeana,* grüngelbe Blüten, bis 100 cm.

**Schachbrettblume, Kiebitzei**
***Fritillaria meleagris***

✿ 4–5 ⬆ 20–30 cm ◯–◑

**Wuchs:** Eintriebig, aufrecht, Laub grasartig, mittelgrün.
**Blüte:** Glockig, nickend an übergeneigten Stängelenden. Braunviolett mit Karomuster.
**Standort:** Frischer bis feuchter Boden im Halbschatten, bei ge-

nügender Bodenfeuchte auch sonnig.

**Pflege:** Die Zwiebeln werden im Herbst etwa 15 cm tief in kleinen Gruppen gepflanzt. Vermehrt sich an zusagender Stelle langsam durch Brutzwiebeln.

**Verwendung:** Auf feuchten Blumenwiesen und Rabatten, auch in der Nähe von Gewässern. Konkurrenzschwach, nicht mit starkwüchsigen Partnern kombinieren.

**Bewährte Sorte:**
'Alba', reinweiß.

Auf feuchten Wiesen fühlt sich die Schachbrettblume wohl. Neben der violetten Art gibt es auch eine weiße Form.

**Persische Fritillarie**
***Fritillaria persica***

✿ 4 ⬆ 90–120 cm ○

**Wuchs:** Ein kräftiger, aufrechter Stängel pro Zwiebel, lanzettliche Blätter quirlig um den unteren Stängelbereich wachsend.

**Blüte:** Schokoladenbraune, breite Glocken, bis 40 in lockeren Trauben.

**Standort:** Lockerer, durchlässiger Boden, sonnig.

**Pflege:** Die Zwiebeln werden im Herbst etwa 20–30 cm tief gepflanzt. Nach der Blüte den Stängel bis zum Laub zurückschneiden, falls keine Samenbildung gewünscht wird.

**Verwendung:** Gruppenweise in Rabatten.

**Bewährte Sorte:**
'Adiyaman', besonders reichblütige Auslese, braunviolett.

Eine fremdartige Schönheit mit ungewöhnlicher Blütenfarbe ist die Persische Fritillarie *(Fritillaria persica)*.

**Schneeglöckchen**
***Galanthus nivalis***

✿ 2–3 ⬆ 10–15 cm ○–◑

**Wuchs:** Ein kurzer, aufrechter Stängel pro Zwiebel. Grasartiges, frischgrünes, grundständiges Laub. Bildet durch Brutzwiebeln und Selbstaussaat rasch kleine Kolonien.

**Blüte:** Glockig, hängend, weiß mit grüner Zeichnung.

**Standort:** Frischer bis feuchter Boden, sonnig bis halbschattig, aber kühl.

**Pflege:** Die Zwiebeln werden im Herbst 5 cm tief in Gruppen gepflanzt. Bei zu starker Ausbreitung können mit der Grabgabel Zwiebelklumpen abgestochen und an anderer Stelle wieder eingepflanzt werden.

**Verwendung:** Für die Verwilderung im Rasen, unter Gehölzen und in schattigen Partien des Steingartens.

**Bewährte Sorten und verwandte Arten:**
'Atkinsii', sehr schlanke Blüten, bis 20 cm.
'Flore Pleno', gefüllt blühend.

'Straffan', etwas später blühend als die Art.
*Galanthus caucasicus,* sehr kleinwüchsig, blüht bereits im Januar.
*Galanthus elwesii,* in allen Teilen größer, blaugrünes Laub.

### Waldhyazinthe, Bluebell
***Hyacinthoides hispanica***

✿ 4–5 ⬆ 20–30 cm ◐–●

**Wuchs:** Ein Blütenstängel pro Zwiebel, riemenförmiges, frischgrünes Laub. Bildet durch Versamung und Brutzwiebeln kleine Trupps.
**Blüte:** Längliche Glocken, zahlreich in lockeren Rispen am oberen Stängelabschnitt. Verschiedene Blautöne.
**Standort:** Humoser, frischer Boden in Halbschatten und Schatten.
**Pflege:** Die Zwiebeln werden im Herbst 10 cm in Gruppen gepflanzt. Falllaub genügt als Humusgabe.
**Verwendung:** Ideal geeignet zur Verwilderung unter Gehölzen, auch zwischen Bodendeckern. Die gleichzeitige Blüte mit farbkräftigen Azaleen ist spektakulär.
**Bewährte Sorten, verwandte Art:**
'Alba Maxima', weiß, bis 40 cm.
'Daintry Maid', dunkelrosa.
'Danube', dunkelblau.
'Queen of Pink', rosa.
*Hyacinthoides non-scipta,* sehr ähnlich, 20 cm, lockere Blütenstände. Schwach duftend.

Das Schneeglöckchen *(Galanthus nivalis)* gehört zu den schon zeitig im Spätwinter blühenden Zwiebelblumen. Auch Eis und Schnee hält es nicht vom Blühen ab.

Die Waldhyazinthe *(Hyacinthoides hispanica)* eignet sich hervorragend zur Verwilderung in schattigen Gartenpartien.

### Hyazinthe
***Hyacinthus orientalis***

✿ 4–5 ⬆ 20–30 cm ○

**Wuchs:** Aus der Zwiebel entwickelt sich ein kräftiger Stängel und mehrere steif aufrecht stehende, linealische Blätter. Breitet sich durch Brutzwiebeln sehr langsam aus.
**Blüte:** Sternförmig, in dichten endständigen Trauben, stark duftend. In vielen Rosa- und Lilatönen.
**Standort:** Durchlässiger, aber frischer und nahrhafter Gartenboden, sonnig.
**Pflege:** Die Zwiebeln werden im Herbst 15 cm tief gepflanzt, am besten in kleinen Gruppen. Eine

dünne Laubschüttung im Winter ist in rauen Gebieten von Vorteil.
**Verwendung:** In Rabatten und gemischten Frühlingspflanzungen mit Stiefmütterchen *(Viola wittrockiana)*, Gänseblümchen *(Bellis perennis)* oder Vergissmeinnicht *(Myosotis)*. Auch für Töpfe und Schalen gut geeignet.
**Bewährte Sorten:**
'Amethyst', mittelviolett.
'Bismarck', hellblau.
'Carnegie', weiß.
'City of Haarlem, hellgelb.
'Gipsy Queen', lachsorange.
'Jan Bos', karminrot.
'Ostara', dunkelblau.
'Woodstock', purpurlila.

Schon wenige Exemplare der Hyazinthe erfüllen einen ganzen Garten mit ihrem starken Duft. Sie ist für leichten Winterschutz dankbar.

### Frühlingsstern
### *Ipheion uniflorum*

✿ 3–4 ⬆ 10–20 cm ○

**Wuchs:** Aus einer Zwiebel entwickeln sich mehrere Blütenschäfte und zahlreiche linealische Blätter.
**Blüte:** Sternförmige hellbaue Blüten mit dunkleren Streifen, süß duftend. Die Blüten schließen sich bei Regenwetter.
**Standort:** Frischer bis mäßig trockener, aber durchlässiger Boden. Sonniger, geschützter Standort.
**Pflege:** Die Zwiebeln werden im Herbst etwa 3–5 cm tief in kleinen Gruppen an einen geschützten Standort gepflanzt. Schweren Boden mit viel Sand dränieren. Im Winter dick mit trockenem Laubmull und etwas Reisig abdecken.
Der Frühlingsstern gedeiht am Besten an einem geschützten Südhang, an dem besonders im Sommer Niederschläge rasch abfließen können.
**Verwendung:** Attraktive kleine Zwiebelpflanze für Steingärten und Mauerkronen in Südlage. In kalten Gegenden ist ein sorgfältiger Winterschutz besonders wichtig.
**Bewährte Sorten:**
'Coerulea', porzellanblaue Blüten.
'Wisley Blue', violettblaue Blüten mit weißen Streifen.

Der Frühlingsstern gehört zu den weniger bekannten Zwiebelblumen und braucht leichten Winterschutz.

Die Blüten der Gelben Zwiebel-Iris trotzen tapfer Kälte, Eis und Schnee. Trotz ihres zarten Aussehens ist sie recht robust.

## Geweih-Iris
*Iris bucharia*

✿ 4 ⬆ 30–40 cm ○

**Wuchs:** Aus jeder Zwiebel entwickelt sich ein einzelner kräftiger Stängel. Das Laub ist frischgrün, breit lanzettlich und zweizeilig versetzt um den Stängel angeordnet. Vermehrt sich langsam durch Brutzwiebeln.
**Blüte:** Weiße bis zartviolette Irisblüten mit gelbem Fleck, duftend. Die Blüten erscheinen im oberen Stängelbereich und öffnen sich nacheinander.
**Standort:** Durchlässiger, mäßig trockener Boden in voller Sonne. Schwerer Boden sollte vor der Pflanzung mit Sand dräniert werden.

Eine noch recht unbekannte Iris ist die Geweih-Iris. Ihre Blüten sehen nicht nur hübsch aus, sie duften auch.

**Pflege:** Die Zwiebeln werden im Herbst etwa 10–12 cm tief in kleinen Gruppen gepflanzt. In rauen Gegenden ist eine gute Abdeckung mit Laubmull und Nadelreisig währen des Winters unerlässlich. Nach dem Austrieb sparsam mineralisch düngen.
**Verwendung:** In Steingärten, auf Mauerkronen. Am besten wird diese hübsche Art an einen Platz gepflanzt, an dem man sie gut betrachten und ihren Duft wahrnehmen kann.

## Gelbe Zwiebel-Iris
*Iris danfordiae*

✿ 2–3 ⬆ 10–15 cm ○

**Wuchs:** Aus der Zwiebel entwickelt sich ein sehr kurzer Blütenstängel. Schmal grasartiges Laub, das sich erst nach der Blütezeit zu seiner vollen Länge entwickelt.
**Blüte:** Leuchtend gelbe Irisblüte, aufrecht am Stängelende sitzend, duftend.
**Standort:** Durchlässiger, auch trockener Boden, sonnig.
**Pflege:** Die Zwiebeln werden im Herbst 5 cm tief in kleinen Gruppen gepflanzt, eventuell zur Blütezeit mineralisch düngen.
**Verwendung:** Im Steingarten, an Terrassenböschungen oder auch in kleinen Trögen und Schalen. In kleinen Gruppen zwischen flachen Polsterstauden, die später blühen. Leider ist die Art etwas kurzlebig und muss nach einigen Jahren nachgepflanzt werden.

**Blaue Zwiebel-Iris**
***Iris histrioides***

✿ 2–3 ⬆ 5–10 cm ○

**Wuchs:** Pro Zwiebel ein einzelner, sehr kurzer Stängel, kurze, schmal linealische Blätter. Durch Brutzwiebeln langsame Bildung von kleinen Tuffs.
**Blüte:** Leuchtend enzianblau mit gelber Mittelrippe auf den Hängeblättern.
**Standort:** Durchlässig, auch trocken, in voller Sonne.
**Pflege:** Die Zwiebeln werden im Herbst 5 cm tief gepflanzt. Sehr winterhart.
**Bewährte Sorten:**
'Katherine Hodgkin', cremeweiß mit blauer Zeichnung.
'Major', Hängeblätter gefleckt mit orangenem Mittelstreifen.

**Netz-Iris**
***Iris reticulata***

✿ 3–4 ⬆ 10–20 cm ○

**Wuchs:** Ein einzelner kurzer Stängel je Zwiebel, Laub grasartig, frischgrün.
**Blüte:** Violettblaue Irisblüte mit gelber Zeichnung auf den Hängeblättern.
**Standort:** Durchlässiger, auch trockener Boden, vollsonnig.
**Pflege:** Die Zwiebeln werden im Herbst 5 cm tief in kleinen Gruppen gepflanzt. In strengen Wintern ist eine Abdeckung mit Reisig sinnvoll.
**Verwendung:** In Steingärten, auf Mauerkronen sowie in Töpfen und Schalen kommt diese Miniatur-Iris gut zur Geltung. Am besten wirkt sie in kleinen Gruppen von 5–10 Exemplaren, auch zusammen mit *Iris danfordiae*. Günstige Partner sind niedrige Polsterstauden wie Phlox und Blaukissen, aber auch Walzen-Wolfsmilch *(Euphorbia myrsinites)*, deren immergrünes, graues und fleischiges Laub einen interessanten Kontrast bildet.
**Bewährte Sorten:**
'Blue Veil', himmelblau.
'Harmony', porzellanblau mit gelbem Mittelstreifen.

Die Blaue Zwiebel-Iris *(Iris histrioides)* eignet sich besonders gut für die Bepflanzung von Töpfen und Schalen, hier mit Narzissen und Stiefmütterchen in Kontrastfarben.

Die feine Zeichnung an den Kelchzipfeln des Märzbechers *(Leucojum vernum)* ist besonders im Gegenlicht gut sichtbar.

**Märzbecher, Frühlingsknotenblume**
***Leucojum vernum***

✿ 3–4 ⬆ 15–25 cm ○–◑

**Wuchs:** Schmal linealische Blätter, zu 3–7 aus einer Zwiebel entspringend. Ein leicht nickender Blütenstängel mit knotenförmiger Verdickung am Ende, der die Gattung ihren deutschen Namen verdankt.
**Blüte:** Weiß, glockig, mit gelben Blütenzipfeln. Einzeln am Stängelende hängend.
**Standort:** Frischer, humoser, auch feuchter Boden. Gedeiht am Besten im Halbschatten, bei genügender Bodenfeuchte aber auch in der Sonne.
**Pflege:** Die Zwiebeln werden im Herbst 10 cm tief gepflanzt. Außer an die Bodenfeuchte stellt der Märzbecher keine besonderen Ansprüche.
**Verwendung:** In Gruppen unter Bäumen und Sträuchern. Breitet sich unter zusagenden Bedingungen durch Samen stark aus und bildet größere Teppiche.

**Armenische Traubenhyazinthe**
***Muscari armeniacum***

✿ 4–5 ⬆ 15–20 cm ○–◑

**Wuchs:** Aus jeder Zwiebel entwickelt sich ein einzelner Stängel und schmal linealisches, grasgrünes Laub. Das Laub treibt bereits im Herbst aus, der Blütenstängel folgt erst im folgenden Frühjahr. Durch Brutzwiebelbildung entstehen schnell große Horste.
**Blüte:** Kleine azurblaue, kugelige Glockenblüten in dichten, endständigen Trauben, duftend.
**Standort:** Mäßig trockener bis frischer Boden in voller Sonne oder im Streuschatten lichter Gehölze.
**Pflege:** Die Zwiebeln werden im Herbst etwa 5–8 cm tief in Gruppen gepflanzt.
**Verwendung:** Im Steingarten, zur Verwilderung im Rasen oder unter lichten Gehölzen, wo sich schnell große Bestände bilden.

An zusagender Stelle breitet sich die Armenische Traubenhyazinthe *(Muscari armeniacum)* zu großen Teppichen aus.

Die weiße Form der Traubenhyazinthe setzt kleine Lichtpunkte zwischen grünem Laub und dunkleren Blüten. Im Hintergrund *Muscari latifolium*.

Sehr schön in Kombination mit Primeln *(Primula)* und Polsterstauden wie Gänsekresse *(Arabis procurrens, Arabis caucasica)* und Blaukissen *(Aubrieta)*.

**Bewährte Sorten und verwandte Arten:**
'Blue Spike', blaue, gefüllte Blüten.
'Fantasy Creation', kornblumenblaue, gefüllte Sorte, im Verblühen purpurviolett.
*Muscari azureum* 'Album', weiße Blüten, gedrungener Wuchs.
*Muscari latifolium*, dunkelblaue Blüten, im Aufblühen in Azurblau übergehend. Breites Laub.

**Traubenhyazinthe**
***Muscari botryoides***

✿ 4–5 ⬆ 20–30 cm ○–◑

**Wuchs:** Pro Zwiebel erscheinen 2–3 dunkelgrüne, riemenförmige Blätter, die kürzer als der Blütenstängel bleiben. Durch Brutzwiebelbildung und Selbstaussaat entstehen im Laufe der Jahre größere Trupps.

**Blüte:** Blaue, zylindrische Blütentrauben.

**Standort:** Traubenhyazinthen gedeihen in jedem guten, durchlässigen Gartenboden ohne Staunässe. Optimal ist ein sonniger Standort, aber auch Halbschatten und sogar Schatten wird vertragen.

**Pflege:** Die Zwiebeln werden im Spätsommer oder Frühherbst 6–8 cm tief im Abstand von 5–10 cm gepflanzt, wobei die Erde gut gelockert sein sollte. Danach lässt man die Pflanzen am besten ungestört wachsen, so dass sie sich ausbreiten und Brutzwiebeln entwickeln können. Zur Vermehrung können Brutzwiebeln abgetrennt und eingepflanzt werden. An zusagenden Standorten sät sich die Traubenhyazinthe auch selbst aus.

**Verwendung:** Pflegeleichte und unkomplizierte Zwiebelpflanze, gut geeignet zum Verwildern im Rasen, unter Gehölzen, im Steingarten und im vorderen Bereich des Staudenbeetes. Kommt am Besten in großen Gruppen zur Wirkung.

**Bewährte Sorte:**
'Album', weiß.

**Alpenveilchen-Narzisse**
***Narcissus*-Cyclamineus-Hybriden**

✿ 3–4 ⬆ 10–40 cm ○–◑

**Wuchs:** Aus der Zwiebel wachsen dunkelgrüne, riemenförmige Blätter und ein Stängel mit 1–3 nickenden Blüten. Durch Brutzwiebelbildung kleine Trupps bildend.

**Blüte:** Meist gelb, mit langer, trompetenförmiger Krone, nickend.

**Standort:** Gedeiht am besten auf humosem Boden, der im Sommer aber nicht zu feucht sein sollte.

**Pflege:** Die Zwiebeln werden im Herbst knapp 10 cm tief gepflanzt. Bei schwerem Boden ist es sinnvoll, mit Sand vermischten lockeren Humos in die Pflanzlöcher zu geben. Auch eine leich-

te Düngung mit Hornspänen ist von Vorteil.
**Verwendung:** Im Steingarten, unter Gehölzen. Sehr hübsch in Kombination mit anderen kleinwüchsigen Zwiebelblumen. Auch für Arrangements in Kübeln und Töpfen sehr gut geeignet.
**Bewährte Sorten:**
'February Gold', gelbe Blütenblätter, orangene Trompete.
'Jack Snipe', cremeweiße Blütenblätter, gelbe Trompete.
'Peeping Tom', reingelb mit besonders langer Trompete.
'Téte a Téte', Trompete etwas dunkler gelb als die Blütenblätter, sehr kleinwüchsig.

Die Alpenveilchen-Narzisse *(Narcissus-Cyclamineus*-Hybriden) zeichnen sich durch ihre besonders frühe Blütezeit aus.

Die Dichter-Narzissen *(Narcissus-Poeticus*-Hybriden) haben sich ihren wildhaften Charakter bewahrt und fügen sich hervorragend in naturnahe Pflanzungen ein.

### Dichter-Narzisse
### *Narcissus*-Poeticus-Hybriden

✿ 5 ⬆ 40–60 cm ○–◑

**Wuchs:** Pro Zwiebel ein Stängel mit einer einzelnen Blüte, riemenförmiges, dunkelgrünes Laub. Im Laufe der Jahre horstartiger Wuchs durch Brutzwiebelbildung.
**Blüte:** Kurze schalenförmige Krone, sternförmig angeordnete Blütenblätter. Stark duftende Blüten, in der Regel weiß.
**Standort:** Jeder nahrhafte, durchlässige Gartenboden in der Sonne oder im Halbschatten.
**Pflege:** Die Zwiebeln werden im Herbst etwa 12–15 cm tief gesetzt. Bei schwerem Boden wird etwas Sand in das Pflanzloch gegeben. Eine Startdüngung mit Hornspänen ist sinnvoll.
**Verwendung:** Diese wundervoll duftenden Narzissen eignen sich hervorragend als Kombinationspartner für früh blühende Stauden, aber auch für andere Zwiebelblumen, etwa Tulpen. Auch vor Gehölzen kommen sie gut zur Geltung.
**Bewährte Sorten:**
'Actaea', Blüten mit 10 cm Durchmesser, weiß, orangerot umrandete kleine Krone.
'Queen of Narcissi', weiße Blütenblätter, orange Krone mit rotem Saum.

### Engelstränen-Narzisse
### *Narcissus*-Triandrus-Hybride

✿ 4–5 ⬆ 25–60 cm ○–◑

**Wuchs:** Pro Zwiebel ein Blütenstängel mit 3–6 Blüten. Dunkelgrüne, riemenförmige Blätter. Durch Brutzwiebeln kleine Trupps bildend.

Eine große Gruppe Engelstränen-Narzissen (*Narcissus-Triandrus*-Hybride 'Thalia') versprüht ihre Blütenprlacht unter lichten Gehölzen.

**Blüte:** Kleine bis mittelgroße Blüten mit zurückgeschlagenen Blütenblättern und kelchförmiger Krone. Überwiegend weiße und hellgelbe Farbtöne.
**Standort:** Geschützt, in Sonne oder Halbschatten. Unter und vor Gehölzen, auch im Steingarten.
**Pflege:** Die Zwiebeln werden im Herbst 12–15 cm tief in durchlässigen Boden gesetzt. Bei schwerem Boden etwas Sand und lockeren Humus untergraben. Eine Grunddüngung mit Hornspänen ist von Vorteil. In rauen Lagen benötigen Engelstränen-Narzissen einen Winterschutz. Am besten eignet sich dafür eine Laubschüttung.
**Verwendung:** Engelstränen-Narzissen eignen sich durch ihre wildhafte Erscheinung gut für die Verwilderung unter lockeren Gehölzen, deren abgefallenes Laub zugleich auch einen guten Winterschutz bildet. Aber auch in Kombination mit anderen Zwiebelblumen, zum Beispiel Traubenhyazinthen, kommen sie gut zur Geltung.
**Bewährte Sorten:**
'Hawera', hell zitronengelbe Blüten, 4–6 an einem Stängel, 25 cm.
'Liberty Bells', schwefelgelbe Blüten, 3–4 an einem Stängel, 40 cm.
'Thalia', reinweiße Blüten, 2–3 an einem Stängel, 60 cm. Kräftige Sorte.

### Garten-Narzisse, Osterglocke *Narcissus*-Hybriden

✿ 4–5 ⬆ 30–50 cm ○–◑

**Wuchs:** Pro Zwiebel ein Stängel mit meist einer Blüte, durch Brutzwiebelbildung mit der Zeit Horste bildend.
**Blüte:** Durch Jahrhunderte lange Züchtung stehen uns heute Narzissen in sämtlichen Weiß-, Gelb- und Orangetönen zur Verfügung, sogar Rosatöne sind inzwischen im Sortiment. Neben den klassischen Trompeten-Narzissen gibt es Sorten mit breiter, schmaler, gefüllter und geschlitzter Krone. Die Blüten duften immer, je nach Sorte unterschiedlich intensiv.
**Standort:** Nahrhafte, aber durchlässige Gartenerde, sonnig bis halbschattig.
**Pflege:** Die Zwiebeln werden im Herbst 15–20 cm tief gepflanzt. Wenn die Horste nach einigen Jahren zu dicht wachsen, werden die Brutzwiebeln abgetrennt und wieder eingepflanzt.
**Verwendung:** Farbenfrohe Frühjahrsblüher für die Kombination mit anderen Zwiebelpflanzen, aber auch für die Verwilderung im Rasen, unter Sträuchern und für die Schnittblumengewinnung.
**Trompeten-Narzissen:**
'Golden Harvest', die klassische gelbe Osterglocke, 40 cm.
'Dutch Master', gelb mit sehr großen Blüten, 40 cm.
'Las Vegas', gelbe Trompete, weiße Blütenblätter, 35 cm.

Die klassischen Garten-Narzissen (*Narcissus*-Hybriden) sind in den verschiedensten Farbkombinationen erhältlich. Hier als Beispiele die Kombinatinen Weiß-Hellorange und Gelb-Orange.

'Mount Hood', weiß blühend, 50 cm.
'Spellbinder', zart hellgelb, 40 cm.

**Kurzkronige Narzissen:**
'Carlton', reingelb, 45 cm.
'Daydream', weiße Krone mit gelbem Rand, Blütenblätter hellgelb, 45 cm.
'Fortissimo', orange Krone und gelbe Blütenblätter, 40 cm.
'Ice Follies', gelbe Krone uns weiße Blütenblätter, 40 cm.
'Salomé', rosa-orange Krone und weiße Blütenblätter, 35 cm.

**Kleinkronige Narzissen:**
'Barret Browning', orange Krone und weiße Blütenblätter, 45 cm.
'Red Devon', orange Krone und gelbe Blütenblätter.

**Gefüllte Narzissen:**
'Flower Drift', orange Krone und hellgelbe Blütenblätter, 40 cm.
'Petit Four', orange Krone und weiße Blütenblätter, 45 cm.
'Tahiti', Krone besteht aus orangen und gelben Segmenten, Blütenblätter gelb, 45 cm.

**Spaltkronige Narzissen:**
'Orangery', kräftig orange Krone und weiße Blütenblätter, 40 cm.
'Lemon Beauty', weiße Krone mit sternförmiger gelber Zeichnung, weiße Blütenblätter, 40 cm.

**Nickender Milchstern**
***Ornithogalum nutans***

✿ 4–5 ⬆ 25–40 cm ○–◑

**Wuchs:** Ein Stängel pro Zwiebel, breit lanzettliches, graugrünes Laub.
**Blüte:** Weiße, sternförmige Blüten mit grünem Mittelstreifen, zu 6–10 in nickender Traube.
**Standort:** Der Nickende Milchstern fühlt sich am Wohlsten in durchlässiger, aber humoser Erde. Ein geschützter halbschattiger Platz unter Gehölzen sagt ihm besonders zu.

Der Stern von Bethlehem *(Ornithogalum umbellatum)* ist äußerst ausbreitungsfreudig (Text s. Seite 56).

Die Puschkinie *(Puschkinia scilloides* var. *libanotica)* erinnert vom Aussehen her an kleine Hyazinthen. Sie ist aber viel robuster und breitet sich kräftig aus.

**Pflege:** Die Zwiebeln werden im Herbst 5–8 cm tief gepflanzt. Unter lichten Gehölzen kann er sich in Ruhe ausbreiten.
**Verwendung:** Am besten wird der Milchstern zum Verwildern unter Sträuchern verwendet, wo er im Laufe der Jahre große Kolonien bildet. Da das Laub während der Blüte schon zu welken beginnt, wird er am Besten mit verträglichen Bodendeckern kombiniert, die das Laub verdecken.
**Bewährte Sorten:**
Um einen besseren Überblick über die zahllosen Sorten zu bekommen, wurden die Garten-Narzissen nach ihren Blütenformen in verschiedene Gruppen eingeteilt. Nachfolgend eine Auswahl, die allerdings keinen Anspruch auf Vollständigkeit erhebt, da jede Saison neue und interessante Sorten auf den Markt kommen.

**Stern von Bethlehem**
***Ornithogalum umbellatum***

✿ 4–5 ⬆ 20–25 cm ○–◑

**Wuchs:** Aus einer Zwiebel entwickeln sich riemenförmige, frischgrüne Blätter und ein einzelner Stängel. Durch Brutzwiebeln und Selbstaussaat entstehen schnell große Kolonien.
**Blüte:** Sternförmige weiße Blüten mit grünem Mittelstreifen, 10–15 in einer kurzen Doldentraube. Die Blüten öffnen sich nur bei warmem Wetter zwischen 11 und 15 Uhr.
**Standort:** Durchlässiger, auch trockener Boden in der Sonne oder im lichten Schatten.
**Pflege:** Die Zwiebeln werden im späten Herbst 5–10 cm tief gepflanzt. Sie können jahrelang ohne weiter Pflege in der Erde bleiben und breiten sich an zusagender Stelle stark aus.

**Verwendung:** Zum Verwildern im Rasen, unter lichten Sträuchern und Bäumen. Sehr ausbreitungsstark!

**Puschkinie**
***Puschkinia scilloides* var. *libanotica***

✿ 3–4 ⬆ 10–15 cm ○–◑

**Wuchs:** Aus der Zwiebel entwickeln sich lange, lanzettliche Blätter in dunklem Grün und ein einzelner Blütenstängel.
**Blüte:** Zipfelige Glockenblüten, hellblau mit dunklerem Mittelstreifen. Endständige Trauben mit 4–6 Einzelblüten.
**Standort:** Gedeiht auf jedem halbwegs durchlässigen Gartenboden, besonders geeignet für halbschattige Plätze unter Gehölzen.
**Pflege:** Die Zwiebeln werden im Herbst 8–10 cm tief gepflanzt, am Besten in größeren Gruppen. Lässt man die Pflanzen ungestört, breiten sie sich mit der Zeit zu großen Teppichen aus.
**Verwendung:** Für die flächige Unterpflanzung von Gehölzen, Verwilderung im Rasen und zwischen Bodendeckern, aber auch für Pflanzungen im Schatten.
**Bewährte Sorte:**
'Alba', reinweiße Blüte, ansonsten wie die Art.

Das Blausternchen *(Scilla siberica)* breitet sich rasch aus und bildet große Teppiche im Unterholz. Die kräftig blauen Blüten bringen Farbe zwischen Gehölze.

**Zweiblatt-Blaustern**
***Scilla bifolia***

✿ 3 ⬆ 10–15 cm ○–◑–●

**Wuchs:** Pro Zwiebel zwei lanzettliche Blätter in dunklem Grün und ein Blütenstängel.
**Blüte:** Weit geöffnete, sternförmige Blüten in schönem Porzellanblau, zu 3–7 in einer endständigen, lockeren Traube.
**Standort:** Anspruchslos, gedeiht fast überall, außer im allertiefsten Schatten.
**Pflege:** Die Zwiebeln werden im Herbst 8–10 cm tief gesetzt, am Besten in zwanglosen Gruppen. Breitet sich durch Aussaat und Brutzwiebelbildung stark aus.
**Verwendung:** Ideale Zwiebelpflanze für die Verwilderung im Rasen, unter Gehölzen und auch zwischen Stauden. An zusagenden Plätzen entstehen mit der Zeit ausgedehnte Teppiche. Besonders hübsch ist eine Kombination mit Winterlingen *(Eranthis)* oder Busch-Windröschen *(Anemone nemorosa)*.

Von zwergenhaftem Wuchs ist der Zweiblatt-Blaustern. Er eignet sich besonders für die Verwilderung im Rasen.

**Blausternchen**
***Scilla siberica***

✿ 3 ⬆ 12–15 cm ○–◑

**Wuchs:** Aus der Zwiebel entwickeln sich 3–5 linealische Blätter und bis zu 3 Blütenstängel.
**Blüte:** Leuchtend blau, sternförmig, nickend, zu 2–4 am Stängel sitzend.
**Standort:** Urspünglich in Auwäldern und auf Bergwiesen beheimatet, kommt das Blausternchen auch mit feuchterem Boden gut zurecht. Dabei kann der Standort sonnig oder auch lichtschattig sein.
**Pflege:** Die Zwiebeln werden im Herbst in Gruppen etwa 10 cm tief gepflanzt. Sie vermehren sich mit der Zeit durch Aussaat und Brutzwiebelbildung zu größeren Teppichen.
**Verwendung:** Unkomplizierte Zwiebelblume für die Verwilderung im Rasen, unter Gehölzen oder auch im Steingarten, sofern dort genügend Platz ist.
**Bewährte Sorten, weitere Art:**
'Alba', reinweiße Form, 10 cm.
'Spring Beauty', blau blühend, in allen Teilen größer. Setzt keinen Samen an, 15 cm.
*Scilla mischtschenkoana,* blassblau blühend mit breiterem Laub. Blütezeit im März, 10–15 cm.
'Zwanenburg', kräftigere blaue Blütenfarbe, sonst gleich.

## Großblütiges Dreiblatt
*Trillium grandiflorum*

✿ 4–5 ⬆ 20–30 cm ◑–●

**Wuchs:** Aus dem knolligen Rhizom entwickelt sich eine einzelner Stängel mit einem Kranz aus drei breiten Blättern. Breitet sich an zusagender Stelle rasch zu kleinen Kolonien aus.
**Blüte:** Weiß, aus drei Blütenblättern bestehend, einzeln am Stängelende.
**Standort:** Humoser, frischer, auch feuchter Boden, im Halbschatten oder Schatten. Heimisch in Laubwäldern.
**Pflege:** Die Rhizome werden im zeitigen Herbst 5–10 cm tief gepflanzt. Die Pflanzstelle kann großzügig mit Laubkompost verbessert werden. Auch später regelmäßig mit Mulch und Laubkompost düngen.
**Verwendung:** Zur Unterpflanzung von Bäumen und Sträuchern, in Verbindung mit verträglichen Bodendeckern.
**Bewährte Sorten:**
'Green', weiß mit grünen Streifen.
'Plena', weiße, gefüllte Blüten.
'Rosea', hellrosa.

*Trillium grandiflorum* 'Plena', die gefüllte Form des edlen Großblütigen Dreiblattes.

## Braunes Dreiblatt
*Trillium sessile*

✿ 4–5 ⬆ 20–30 cm ◑–●

**Wuchs:** Aus dem Rhizom entwickelt sich ein Stängel mit einem Kranz von drei breiten Blättern, die braun marmoriert sind. Breitet sich an zusagender Stelle zu kleinen Kolonien aus.
**Blüte:** Kastanienbraun, einzeln aufrecht direkt über dem Blätterkranz sitzend. Nur leicht geöffnet, schlank.
**Standort:** Humoser, frischer bis feuchter Boden, im Halbschatten oder Schatten.
**Pflege:** Die Rhizome werden im zeitigen Herbst in kleinen Gruppen 5–10 cm tief gepflanzt. Der Boden kann bei Bedarf mit reichlich Laubkompost verbessert werden. Regelmäßiges Mulchen fördert das Wachstum.

Das Braue Dreiblatt *(Trillium sessile)* mit seiner aparten Zeichnung der Hochblätter möchte aus der Nähe betrachtet werden.

**Verwendung:** Kleine Waldpflanze, für die Unterpflanzung von Bäumen und Sträuchern geeignet. Da sich ihr Reiz nur aus der Nähe erschließt, sollte sie in die Nähe von Wegen gesetzt werden.

## Goldzwerg-Tulpe
*Tulipa batalinii*

✿ 4 ⬆ 15–20 cm ○

**Wuchs:** Schmal-linealisches, blaugrünes Laub, am Rand gewellt. Einzelner Stängel mit endständiger Blüte.
**Blüte:** Dreieckige Knospe, aufgeblüht sternförmig, in Gelbtönen.
**Standort:** Durchlässiger Boden, am Besten in voller Sonne.
**Pflege:** Die Zwiebeln werden im Herbst in durchlässige Erde gesetzt. Sie können jahrelang an der Stelle bleiben. Verträgt Bodentrockenheit im Sommer.

**Verwendung:** Leuchtendes Kleinod für den Steingarten sowie für Töpfe und Kübel. Auch in Verbindung mit Zwergkoniferen sehr hübsch.

**Bewährte Sorten:**
'Bright Gem', schwefelgelb, 15 cm.
'Bronce Charme', broncegelb, 15 cm.
'Yellow Jewel', primelgelb, 20 cm.

### Fosters Tulpe
***Tulipa fosteriana***

✿ 4–5 ⬆ 30–50 cm ○–◑

**Wuchs:** Laub breit zungenförmig, graugrün. Blüten einzeln auf starken Stängeln.

**Blüte:** Sehr groß, Blütenblätter spitz zulaufend, edel geformt.

**Standort:** Durchlässiger, nahrhafter Boden in Sonne oder Halbschatten.

**Pflege:** Die Zwiebeln werden im Herbst gepflanzt, bei schwerem Boden ist eine Dränage aus Sand sinnvoll. Wenn die Zwiebeln mehrere Jahre an ihrem Platz bleiben sollen, kann eine kleine Menge Hornspäne in das Pflanzloch gegeben werden.

**Verwendung:** Edle Tulpe für gemischte Zwiebelpflanzungen, auch in Töpfen und Kübeln. Im hinteren und mittleren Bereich von Staudenbeeten, wo das einziehende Laub von austreibenden Stauden überwachsen wird.

**Bewährte Sorten:**
'Orange Emperor', orange, 35 cm.
'Purissima', reinweiß, 24 cm.
'Red Emperor', hellrot, 35 cm.
'Sweetheart', zitronengelb mit breitem weißen Rand, 35 cm.

### Greigs Tulpe
***Tulipa greigii***

✿ 4–5 ⬆ 20–30 cm ○–◑

**Wuchs:** Breitlanzettliches Laub, an den Rändern gewellt, immer mit bräunlichem Streifenmuster. Einzelner Stängel mit einer endständigen Blüte.

**Blüte:** Spitze Knospe, im Aufblühen breit glockenförmig, mit schwarzem Basalfleck.

**Standort:** Jeder durchlässige Gartenboden, in Sonne oder Halbschatten.

**Pflege:** Pflanzung der Zwiebeln im Herbst, bei schwerem Boden Dränage mit Sand.

**Verwendung:** Auffällige niedrige Tulpe für Gruppenpflanzungen und für die Kombination mit anderen frühlingsblühenden Zwiebelpflanzen.

Die Goldzwerg-Tulpe *(Tulipa batalinii)* eignet sich besonders gut für die Pflanzung im Steingarten. Hier die Sorte 'Bright Gem'.

Fosters Tulpe *(Tulipa fosteriana)* zeichnet sich durch eine edle Blütenform aus.

Bei *Tulipa greigii* ist das breite Laub stets mit einer aparten Streifenzeichnung versehen. Hier die Sorte 'Engadin'.

Die spitzen Knospen der Seerosen-Tulpe *(Tulipa kaumanniana)* öffnen sich weit und erinnern dabei an Seerosenblüten.

**Bewährte Sorten:**
'Engadin', rot mit gelb, 35 cm.
'Pinocchio', rot mit cremefarbenen Rändern, 20 cm.
'Rotkäppchen', leuchtend rot, 20 cm.
'Toronto', lachsrot, 40 cm.
Einzige mehrblütige Sorte:
'Zampa', primelgelb, 30 cm.

## Seerosen-Tulpe
### *Tulipa kaufmanniana*

✿ 3–4 ⬆ 15–25 cm ○–◑

**Wuchs:** Aus der Zwiebel wachsen 2–3 graugrüne, breitlanzettliche Blätter und ein einzelner Blütenstängel.
**Blüte:** Elegant geformt mit schmalen Blütenblättern und spitzer Knospe. Die Blüten öffnen sich weit und erinnern dadurch tatsächlich an Seerosen.
**Standort:** Durchlässiger, nahrhafter Gartenboden, sonnig oder halbschattig.
**Pflege:** Die Zwiebeln werden im Herbst 10 cm tief gesetzt und können jahrelang dort stehen bleiben. Bei schwerem Boden etwas Sand unter die Zwiebeln geben.
**Verwendung:** Hübsche Tulpe mit natürlicher Ausstrahlung für Steingärten, Töpfe und Kübel, aber auch in Verbindung mit anderen frühlingsblühenden Zwiebelblumen.
**Bewährte Sorten:**
'Ancilla', außen rosa, innen rosaweiß mit rotem Basiskranz, 20 cm.
'Corona', leuchtend gelb mit rotem Basiskranz, außen rot überhaucht, 20 cm.
'Jeantine', zart lachsorange, 25 cm.
'Scarlet Baby', rot, 20 cm.

## Mehrblütige Tulpe
### *Tulipa praestans*

✿ 4 ⬆ 25–35 cm ○–◑

**Wuchs:** Breit zugenförmige, mittelgrüne Blätter, mehrere Blütenstängel mit je einer endständigen Blüte.

*Tulipa praestans* gehört zu den wenigen mehrblütigen Tulpen. Die Sorte 'Unicum' besitzt zusätzlich gelb gerandetes Laub.

**Blüte:** Spitz zulaufende Blütenblätter, geöffnet sternförmige Blüten, kräftig rot.
**Standort:** Durchlässiger Boden in Sonne oder Halbschatten.
**Pflege:** Die Zwiebeln werden im Herbst 10 cm tief in nahrhafte, durchlässige Erde gepflanzt. Sie können jahrelang in der Erde bleiben.
**Verwendung:** Kräftige Wildtulpe, gut geeignet für Steingärten und die Verwilderung unter Gehölzen, auch zwischen Bodendeckern. Ebenfalls sehr schön für die Kübelbepflanzung, zum Beispiel zusammen mit Traubenhyazinthen und gelben Primeln.
**Bewährte Sorten:**
'Füsilier', rot-orange, 25 cm.
'Tubergen's Variety', nur 20 cm hoch.
'Unicum', Laub gelb umrandet, 35 cm.

## Kirgisische Tulpe
***Tulipa tarda***

✿ 4 ⬆ 10–15 cm ○–◑

**Wuchs:** Pro Zwiebel 5–7 schmal linealische, dunkelgrüne Blätter, die flach ausgebreitet auf dem Boden aufliegen. Starke Bildung von Brutzwiebeln.
**Blüte:** Sternförmig, gelb mit weißen Spitzen, zu 3–5 an den kurzen Stängeln.
**Standort:** Durchlässiger Boden, in Sonne oder Halbschatten.
**Pflege:** Die Zwiebeln werden im Herbst 10 cm tief in durchlässigen Boden gesetzt. Sie können jahrelang am Platz bleiben und sich ausbreiten.
**Verwendung:** Ideale Tulpe zur Verwilderung unter lichten Gehölzen. Sehr hübsch ist die Vergesellschaftung mit Traubenhyazinthen und Blausternchen.
**Weitere bewährte Wildtulpen-Arten:**
*Tulipa humilis,* kardinalrote Blüten mit zipfeligen Blütenblättern und gelbem Schlund. Schon früh im Februar/März blühend, 15 cm.
*Tulipa saxatilis,* sternförmige Blüte mit gelbem Schlund, Blütezeit April, 25 cm.
*Tulipa hageri,* mehrblütig, rot, Blütezeit im April, 25 cm.

## Turkestan-Tulpe
***Tulipa turcestanica***

✿ 3–4 ⬆ 25–35 cm ○

**Wuchs:** Aus der Zwiebel wachsen 1–3 breit lanzettliche Blätter und ein Schaft, der sich in 5–9 Blütenstängel aufteilt. Vermehrungsfreudig, bildet schnell kleine Tuffs.
**Blüte:** Weiß, sternförmig, weit geöffnet.
**Standort:** Durchlässiger Boden, am besten in voller Sonne.

Eine ideale Tulpe für den Steingarten ist die Kirgisische Tulpe *(Tulipa tarda)*. Sie zeichnet sich durch starke Brutzwiebelbildung aus.

Die Turkestan-Tulpe *(Tulipa turcestanica)* besitzt kleine, weit geöffnete Blüten.

**Pflege:** Die kleinen Zwiebeln werden im Herbst 10 cm tief gesetzt. Sie benötigen durchlässigen Boden und vertragen auch Sommertrockenheit. Bei schwerem Boden unbedingt für eine gute Dränage aus Sand sorgen.
**Verwendung:** Entzückende kleine Wildtulpe für den Steingarten, aber auch für Töpfe, wo man sie besonders gut aus der Nähe betrachten kann.

Hier wurden Tulpen mit Stauden und Gehölzen im Beet kombiniert. Die sich im Austrieb befindlichen Funkien *(Hosta)* verdecken zuverlässig das einziehende Laub.

**Garten-Tulpe**
***Tulipa*-Hybriden**

✿ 4–5 ⬆ 25–60 cm ○–◑

**Wuchs:** Aus einer Zwiebel wachsen normalerweise 3–5 breitlinealische Blätter und ein Stängel mit einer endständigen Blüte. Einige Sorten bilden aber auch mehrere Blütenstängel aus.
**Blüte:** Becherförmig, aufrecht stehend, ungefüllte Sorten haben 6 Blütenblätter. Alle Farben außer Blau sind möglich.
**Standort:** Gartentulpen gedeihen auf allen nahrhaften, durchlässigen Gartenböden. Am meisten sagt ihnen volle Sonne zu, aber auch im Halbschatten blühen sie zufriedenstellend.
**Pflege:** Die Zwiebeln werden im Herbst 10–15 cm tief gepflanzt. Auf staunassem Boden sollte unbedingt eine Dränage aus Sand oder feinem Splitt erfolgen. Eine leichte Düngung mit reifem Kompost oder Volldünger regt die Blühfreudigkeit an. Wenn Tulpen nach der Blüte ausgegraben werden sollen, um zum Beispiel Sommerblumen Platz zu machen, ist darauf zu achten, dass sie mit Erdballen an einen Ort gebracht werden, wo das Laub in Ruhe einziehen kann. Nur so kann die Zwiebel genug Kraft tanken, um auch im folgenden Jahr erneut zu blühen.
**Verwendung:** Tulpen sind vielfältig einsetzbar: Sie können mit anderen Zwiebelblumen in speziellen Zierbeeten vergesellschaftet werden, aber auch gruppenweise in mittleren und

hinteren Bereichen von Staudenbeeten Platz finden, in denen später austreibende Stauden das einziehende Laub verdecken. Auch in Töpfen und Kübeln lassen sich interessante Pflanzungen verwirklichen.

**Bewährte Sorten:**
Die Zahl der Sorten ist so riesig, dass sie nach Blütezeitpunkt uns Aussehen in Gruppen eingeteilt werden.

**Gruppe A, früh blühende Tulpen ab Mitte April:**
'Apricot Beauty', aprikosenrosa, einfach, 40 cm.
'Bellona', gelb, einfach, 40 cm.
'Carlton', rot, gefüllt, 25 cm.
'Diana', weiß, einfach, 30 cm.
'Monte Carlo', gelb, gefüllt, 35 cm.
'Princess Irene', orange-purpur geflammt, einfach, 35 cm.
'Prins Carneval', gelb-rot geflammt, einfach, 35 cm.

**Gruppe B, mittelfrühe Tulpen ab Ende April** (zu dieser Gruppe gehören auch Triumph-Tulpen und Darwin-Hybriden):
'Abra', braunrot, einfach, 45 cm.
'Ajax', violett-weiß geflammt, einfach, 40 cm.
'Appeldoorn', orange mit schwarzem Schlund, einfach, 60 cm.
'Blenda', dunkelrosa, einfach, 35 cm.
'Elizabeth Arden', rosa, einfach, 50 cm.
'Kees Nelis', blutrot mit gelbem Rand, einfach, 45 cm.
'New Design', rosa-gelb geflammt, einfach, Laub mit weißem Rand, 45 cm.
'Pax', weiß, einfach, 50 cm.
'Peer Gynt', kräftig rosa, einfach, 50 cm.

**Gruppe C, späte Tulpen, ab Mai bühend:**
'Angelique', zartrosa, gefüllt, 40 cm.
'Blushing Beauty', lachsorange mit gelbem Rand, einfach, 60 cm.
'Chinatown', hellrosa mit grünem Mittelstreifen, einfach, 40 cm.
'Flaming Parrot', rot-gelb geflammt, papageienblütig, 60 cm.
'Johann Gutenberg', salmrot mit gefranstem gelben Rand, einfach, 50 cm.
'Kingsblood', dunkelrot, einfach, 60 cm.
'Maureen', reinweiß, einfach, 60 cm.
'Queen of the Night', fast schwarz, einfach, 60 cm.
'Red Georgette', rot, einfach, mit mehreren Blütenstängeln, 45 cm.
'Shirley', cremeweiß mit violettem Rand, einfach, 60 cm.
'Westpoint', gelb, lilienblütig, 50 cm.

Die Liste erhebt keinen Anspruch auf Vollständigkeit, denn jedes Jahr kommen wieder neue gute Sorten auf den Markt, andere werden aus dem Sortiment genommen.

## Blütezeit: Spätfrühling oder Frühsommer

Diese Gruppe überbrückt die Zeit zwischen Frühling und der Hoch-Zeit der Stauden, dem Sommer.

### Iran-Lauch
***Allium aflatuense***

✿ 5–6 ⬆ 70–100 cm ○

**Wuchs:** Aus der Zwiebel entwickelt sich ein einzelner kräftiger Blütenstängel und blaugrünes, riemenförmiges Laub. Das Laub beginnt während der Blütezeit zu vergilben.

Die Kugelblüten des Iran-Lauchs läuten den Frühsommer ein. Er wirkt am besten in größeren Gruppen.

**Blüte:** Purpurviolett, kleine Sternchenblüten in dichten, kugeligen Dolden. Einzeln am oberen Stängelende sitzend. Die sich nach der Blüte entwickelnden Samenstände sind noch lange eine Zierde.
**Standort:** Durchlässiger, aber nahrhafter lehmiger Boden in voller Sonne.
**Pflege:** Die Zwiebeln werden im Herbst 15–20 cm tief gepflanzt. Wenn im Frühjahr das Laub durchtreibt, regt eine Düngergabe das Wachstum an. Nach der Blüte die Samenstände abschneiden, wenn sie nicht als Gestaltungselement erwünscht sind.
**Verwendung:** In Gruppen als Hintergrund in Staudenbeeten, vor blühenden und farblich passenden Gehölzen. Als vertikales Element in Steppenpflanzungen und zwischen Halbsträuchern.
**Verwandte Art:**
*Allium rosenbachianum,* hellviolett, 60 cm.

### Enzian-Lauch
### *Allium caeruleum*

✿ 5–6 ⬆ 40–60 cm ○

**Wuchs:** Je Zwiebel ein kräftiger Stängel. Riemenförmiges, während der Blüte vergilbendes Laub.
**Blüte:** Azurblaue, kleine Sternchenblüten in dichten, kugeligen Dolden als Abschluss des Stängels.
**Standort:** Nahrhafter, aber durchlässiger Boden, am besten in voller Sonne.
**Pflege:** Die Zwiebeln werden im Herbst etwa 10–15 cm tief in Gruppen gepflanzt. Bei schweren, undurchlässigen Böden ist eine Dränage mit Sand sinnvoll. Eine leichte Düngung nach dem Austrieb fördert das Wachstum.
**Verwendung:** In gemischten Rabatten, für die Schnittblumengewinnung auch in speziellen Beeten. Sinnvoll ist die Kombination mit Stauden, die das welkende Laub zur Blütezeit gut überdecken. Besonders eignen sich hierfür die verschiedenen Storchschnäbel *(Geranium),* Katzenminze *(Nepeta)* und Ziest *(Stachys).*

Der Sternkugel-Lauch *(Allium christophii)* ist der ideale Kandidat für trockene, durchlässige Böden. Auch nach der Blüte sind die Samenstände sehr attraktiv.

### Sternkugel-Lauch
### *Allium christophii*

✿ 5–6 ⬆ 40–60 cm ○

**Wuchs:** Aus der Zwiebel entwickelt sich ein kräftiger, aufrechter Blütenschaft. Das Laub ist grundständig, lanzettlich und von graugrüner Farbe.
**Blüte:** Violette Sternenblüten, zahlreich in kugeligen Dolden. Metallisch glänzend. Der Durchmesser einer solchen Dolde kann bis zu 20 cm betragen.
**Standort:** Durchlässiger, mäßig trockener Boden in voller Sonne. Auf schweren Böden sehr kurzlebig.
**Pflege:** Die Zwiebeln werden im Herbst etwa 10–15 cm tief gepflanzt. Zu schwerer Boden sollte unbedingt mit Sand und trockenem Laubkompost abge-

magert werden. Nach dem Austrieb am besten sparsam mineralisch düngen. Die Samenstände, die sich nach der Blüte bilden, besitzen hohen Zierwert und sollten daher nicht abgeschnitten werden.
**Verwendung:** In kleinen Gruppen in Steingärten, Steppenbeeten und auf sonnigen Böschungen. Gute Partner sind Lavendel *(Lavandula)*, Salbei *(Salvia)* und Wollziest *(Stachys bayzantina)*.

### Blauzungen-Lauch
### *Allium karataviense*

✿ 5–6 ⬆ 15–25 cm ○

**Wuchs:** Aus der Zwiebel entwickelt sich ein einzelner kurzer Stängel und zwei breit zungenförmige, graugrüne Blätter.
**Blüte:** Hellviolette sternchenförmige Einzelblüten in dicken kugeligen Dolden, einzeln am Stängelende sitzend.
**Standort:** Trockener bis mäßig trockener, durchlässiger Boden, geschützt und vollsonnig.
**Pflege:** Die Zwiebeln werden im Herbst etwa 10 tief in kleinen Gruppen gepflanzt. Da der Blauzungen-Lauch konkurrenzschwach ist, darf er keine starkwüchsigen Nachbarpflanzen bekommen. In sehr rauen und winternassen Gegenden ist eine Abdeckung mit trockenem Laubmull von Vorteil.
**Verwendung:** Attraktive Zwiebelpflanze für Steingärten, Mauerkronen und Kiesbeete. Schön in Kombination mit Polsterstauden wie Polsterphlox *(Phlox subulata)* und Blaukissen *(Aubrieta)*, die etwas früher blühen. Das ausdrucksvolle Laub ist auch nach der Blüte zierend.
**Bewährte Sorte:**
'Ivory Queen', cremeweiße Blüten.

### Gold-Lauch
### *Allium moly*

✿ 5–6 ⬆ 20–30 cm ○–◑

**Wuchs:** Eintriebig, mit frisch grünem, lanzettlichem Laub. Bildet mit Hilfe von Brutzwiebeln rasch größere Kolonien.
**Blüte:** Leuchtend gelbe Einzelblüten, zu 5–20 in schirmförmigen Dolden.
**Standort:** Durchlässiger, mäßig trockener bis frischer Boden in Sonne oder Halbschatten. Verträgt weder nasse noch sehr trockene Böden.
**Pflege:** Die Zwiebeln werden im Herbst 5–10 cm tief in Gruppen gepflanzt. Gelegentliche Düngergaben regen das Wachstum an. Wenn die Zwiebelgruppen durch die Brutzwiebelbildung zu dicht werden, gräbt man sie aus, teilt sie in kleinere Gruppen und pflanzt sie neu aus.
**Verwendung:** In Gruppen unter Gehölzen, in der Rabatte zwischen Stauden. Dort allerdings nicht im Vordergrund, damit das

Das breite, blaugrüne Laub des Blauzungen-Lachs *(Allium karataviense)* ist eine zusätzliche Zierde neben den kugeligen Blüten.

Der Gold-Lauch *(Allium moly)* wird am besten in kleinen Gruppen zwischen Rabattenstauden gepflanzt.

Während die Blüte von *Arum maculatum* relativ unscheinbar ist, leuchten die roten Beeren im Herbst schon aus der Ferne.

nach der Blüte einziehende und vergilbende Laub nicht stört. Sehr schön auch zwischen Gräsern, die erst später im Sommer zu ihrer ganzen Höhe heranwachsen. Sehr gut zu Verwilderung zusammen mit Blausternchen *(Scilla)* und Hasenglöckchen *(Hyacinthoides)* geeignet, etwa zwischen Ziersträuchern.

### Aronstab
### *Arum maculatum*

✿ 5 ⬆ 20–30 cm ◑–●

**Wuchs:** Aus der Knolle entwickeln sich im zeitigen Frühjahr pfeilförmige mittelgrüne Blätter mit dunkler Zeichnung. Der Aronstab neigt sehr stark zum Wuchern.
**Blüte:** Braune Kolbenblüte, die von einem grüngelben Hüllblatt (Spatha) umgeben ist. Im Juli entwickeln sich aus der Blüte leuchtend rote, stark giftige Beeren, die bis zum Herbst haften bleiben und sehr zierend sind.
**Standort:** Frischer, humusreicher Boden im Schatten von Gehölzen. Durch den großen Ausbreitungsdrang am besten in einem naturnah gestalteten Bereich pflanzen.
**Pflege:** Die Knollen werden im Spätsommer 10–15 cm tief gepflanzt. Am geeigneten Standort breiten sich die Pflanzen rasch aus und benötigen keine weiteren Pflegemaßnahmen. Um die Ausbreitung in Grenzen zu halten, können Sie eine Sperre errichten, indem Sie einen großen Eimer nehmen, den Boden heraustrennen und ihn ebenerdig in den Boden versenken. Dort hinein werden die Knollen des Aronstabs gepflanzt und können sich nun nicht mehr ungehindert ausbreiten.
**Verwendung:** Unter Gehölzen, dort auch zwischen Bodendeckern wie Ysander *(Pachysandra)* und Immergrün *(Vinca)*. Spielen kleine Kinder im Garten, sollten Sie auf den Aronstab verzichten, da die giftigen Beeren zu verlockend wirken.

### Prärielilie
### *Camassia leichtlinii*

✿ 5–6 ⬆ 70–90 cm ○–◑

**Wuchs:** Aus den Zwiebeln entwickeln sich einzelne kräftige Stängel und riemenförmige, frischgrüne Blätter.

Zwischen Prachtstauden fühlt sich die Prärielilie *(Camassia leichtlinii)* wohl. Trotz ihres Namens benötigt sie nahrhaften Boden.

Holländische Zwiebel-Iris sind nicht nur gute Schnittblumen, sondern auch eine Bereicherung im Beet.

Eine Spezialistin für feuchte Standorte: Die Sommer-Knotenblume *(Leucojum aeastivum)*.

**Blüte:** Mittelblau, kleine Sternchenblüten in dichten Trauben im oberen Stängelbereich.
**Standort:** Durchlässiger, aber nahrhafter Boden, der im Frühling nicht austrocknen darf.
**Pflege:** Die Zwiebeln werden im Herbst etwa 10 cm tief gepflanzt. Am geeignetsten ist Lehmboden, der mit Sand abgemagert wird, um Staunässe zu verhindern. Im Winter ist eine Abdeckung mit Laubmull sinnvoll, auch gegen Nässe.
**Verwendung:** In Gruppen zwischen lichten Gehölzen oder auch in der gemischten Rabatte.
**Verwandte Arten:**
*Camassia cusickii,* blassblau, sehr reichblütig.
*Camassia quamash,* weiß bis hellblau, 70 cm, Laub graugrün.

### Holländische Zwiebel-Iris
### *Iris*-Hollandica-Hybriden

✿ 6 ⬆ 45–60 cm ○

**Wuchs:** Aus der Zwiebel entwickelt sich ein einzelner Stängel und wenige schmal lanzettliche Blätter.
**Blüte:** Irisblüten mit schmalen Domblättern und zungenförmigen Hängeblättern. Häufig mit gelber Zeichnung.
**Standort:** Durchlässiger, aber nahrhafter Boden in voller Sonne.
**Pflege:** Die Zwiebeln werden im Herbst 10 cm tief gepflanzt, am Besten in kleinen Gruppen. Im Frühling sparsam mit Komposterde düngen.
**Verwendung:** In Rabatten, als Zwischenpflanzung zwischen Stauden. Gute Eignung als Schnittblume. Die Pflanzen wirken zwar etwas steif, sind aber zierlich, und auch die Blütengröße harmoniert mit vielen anderen Stauden und Gräsern.
**Bewährte Sorten:**
'Bronce Perfection', bronzegelb.
'King Mauve', mauve.
'Princess Irene', weiß mit orangenen Hängeblättern.
'Wegdwood', blassblau.
'Yellow Queen', gelb.

### Sommertürchen, Sommer-Knotenblume
### *Leucojum aestivum*

✿ 5–6 ⬆ 30–50 cm ○–◑

**Wuchs:** Schmales dunkelgrünes Laub, steif aufrecht stehend. Pro Zwiebel ein drahtiger Stängel.

Von bizarrer Gestalt ist der Blütenstand des Bulgarischen Glockenlauches *(Nectaroscoerdium siculum)*.

**Blüte:** Weiß, glockig, duftend, 2–3 an geneigten Blütenstielen hängend. Grüne Punkte an den Kelchzipfeln.
**Standort:** Feuchter, humoser Boden, in Sonne oder Halbschatten.
**Pflege:** Pflanzung der Zwiebeln im Herbst 10–15 tief. Wichtig ist eine ausreichende Bodenfeuchte am Standort, gelegentliche Humusgaben tragen zur guten Entwicklung bei.
**Verwendung:** Schöne Zwiebelblume für Teich- und Bachufer, in Kombination mit Trollblumen *(Trollius)* und Wiesen-Iris *(Iris sibirica)*.
**Bewährte Sorte:**
'Gravetye Giant', besonders kräftig, bis 60 cm.

### Bulgarischer Glockenlauch
***Nectaroscordum siculum***

✿ 5–6 ⬆ 90–120 cm ○–◑

**Wuchs:** Aufrecht, kräftiger Stängel mit endständiger, glockig hängender Blütendolde.
**Blüte:** Stumpf violett mit weißem Rand und grünen Streifen, zahlreich in lockerer Dolde.
**Standort:** Bevorzugt kalkhaltigen, durchlässigen Boden in Sonne oder Halbschatten.
**Pflege:** Pflanzung im Herbst etwa 15–20 cm tief in durchlässige Erde, die bei Bedarf mit etwas Sand abgemagert wird.
**Verwendung:** Der Glockenlauch kommt gut in Steppenbeeten zwischen Stauden wie Schafgarbe, Lavendel, Mohn und Salbei zur Geltung. Dort setzt er eindrucksvolle vertikale Akzente. Er blüht früher als die meisten Stauden, die später das einziehende Laub verdecken.

## Blütezeit: Hochsommer oder Herbst

Auch im Sommer und Herbst blühen zahlreiche attraktive Zwiebel- und Knollenblumen, die eine Bereicherung für den Garten sind.

### Sterngladiole
***Acidanthera bicolor***

✿ 7–8 ⬆ 50 cm ○

**Wuchs:** Je Zwiebel entwickelt sich ein Stängel und mehrere schwertförmige Blätter.

Die Sterngladiole *(Acidanthera bicolor)* ist in allen Teilen zierlicher als die »echte« Gladiole. Sie eignet sich gut für lockere Sommerblumenbeete.

**Blüte:** Ähnlich wie Gladiolenblüten, aber zierlicher, weiß mit braunem Schlund.
**Standort:** Durchlässige, aber nahrhafte Erde in voller Sonne, geschützt und warm.
**Pflege:** Die Zwiebeln werden im Mai etwa 10 cm tief gepflanzt. Auf schwerem Boden ist eine Dränage mit Sand sinnvoll. Nach dem Austrieb sparsam mit Volldünger düngen. Im Oktober werden die Zwiebeln ausgegraben und frostfrei überwintert.
**Verwendung:** Gruppenweise im Staudenbeet oder auch zwischen Sommerblumen.

Als einer der Letzten der Zierlauch-Familie öffnet der Riesen-Lauch *(Allium giganteum)* seine Kugelblüten, die auf hohen, kräftigen Stängeln sitzen.

### Riesen-Lauch
### *Allium giganteum*

✿ 6–7 ⬆ 120–150 cm ○

**Wuchs:** Aus der Zwiebel entwickelt sich ein einzelner hoher, kräftiger Stängel und mehrere riemenförmige, grundständige Blätter.
**Blüte:** Kräftig violette, kleine Sternchenblüten, die in einer dichten kugeligen Dolde angeordnet sind.
**Standort:** Nahrhaft, mäßig trocken bis frisch, in voller Sonne.
**Pflege:** Die Zwiebeln werden im Herbst 20–25 cm tief in Gruppen gepflanzt. Eine leichte Düngung nach dem Austrieb im Frühjahr fördert das Wachstum. Sie können jahrelang am Standort stehen bleiben. Brutzwiebeln werden im Frühherbst abgenommen und aufgepflanzt.
**Verwendung:** In Gruppen zwischen Rabattenstauden. Der Riesenlauch blüht etwa 2 Wochen später als der Iran-Lauch, verwendet man beide Arten, ergibt sich eine längere Blütezeit. Sehr schön zwischen Prachtstauden wie Pfingstrosen oder vor Blütensträuchern.
**Bewährte Sorten:**
'Purple Sensation', Blüten dunkler gefärbt, 100 cm.
'Globemaster' dunkelviolett in besonders großen Kugeldolden, 80 cm.

Zwischen Gräsern fühlt sich der Kugelkopf-Lauch sichtlich wohl. Er harmoniert mit ihnen auch optisch hervorragend.

## Kugelkopf-Lauch
***Allium sphaerocephalum***

✿ 7–8 ⬆ 50–60 cm ○

**Wuchs:** Aus der Zwiebel entwickelt sich ein einzelner, drahtiger Stängel sowie einige wenige graugrüne, grasartige Blätter.
**Blüte:** Dunkelrosa, zahlreiche winzige Einzelblüten sitzen in einer dichten kugeligen Dolde am Stängelende. Wegen ihrer Form werden sie auch als »Trommelstöcke« bezeichnet.
**Standort:** Durchlässiger, mäßig trockener bis trockener Boden in voller Sonne.
**Pflege:** Die Zwiebeln werden im Herbst etwa 10 cm tief in Gruppen gepflanzt. Auf durchlässigem Boden ist der Kugelkopf-Lauch absolut pflegeleicht und vermehrt sich durch Brutzwiebeln zu größeren Trupps.
**Verwendung:** Zwiebelblume von natürlichem, wildhaftem Charakter, die sich hervorragend in sonnige Rabatten und Steppenpflanzungen einfügt. Gute Partner sind alle zierlichen Gräser, zum Beispiel *Stipa pennata,* sowie Staudenlein *(Linum perenne* und *L. flavum),* Lavendel *(Lavandula),* Garbe *(Achillea millefolium)* und Katzenminze *(Nepeta).*

## Inkalilie
***Alstroemeria aurantiaca***

✿ 7–9 ⬆ 60–90 cm ○

**Wuchs:** Aus den rhizomartigen Wurzelknollen entwickeln sich mehrere kräftige Blütenstängel. Das Laub ist dunkelgrün, breit lanzettlich und etwa 10 cm lang.
**Blüte:** Lilienähnlich, in vielen Gelb- und Orangetönen mit andersfarbiger Zeichnung. Lang gestielte Einzelblüten in großen Trauben.
**Standort:** Durchlässiger, aber nahrhafter Boden in voller Sonne. Die Pflanzen sind besonders empfindlich gegen Winternässe, daher sollte ihnen ein Standort mit gutem Wasserabzug gegeben werden.
**Pflege:** Die Rhizome werden im Herbst oder auch im zeitigen Frühjahr 15–25 cm tief gepflanzt. Die Pflanzstelle sollte mit Sand, Blähton und trockenem Mulch gut dräniert werden. Die Rhizome sind empfindlich und zerbrechen leicht; sie müssen sehr vorsichtig behandelt werden. Im Winter die Pflanzen mit einer dicken Schicht aus einem Laub-Torfgemisch abdecken. Im Frühjahr wird diese Abdeckung wieder entfernt. Nach dem Austrieb die Pflanzen düngen und bei Tro-

Die Inkalilie benötigt in den ersten Jahren Winterschutz, erweist sich danach aber als ausreichend winterhart.

ckenheit ausgiebig wässern. In milderen Gegenden ist ein Winterschutz nur in den ersten zwei Jahren erforderlich.
**Verwendung:** In der Staudenrabatte oder auch in Kombination mit farblich passenden Sommerblumen. Die Inkalilie ist eine hervorragende Schnittblume und kann hierfür auch auf einem speziellen Beet gezogen werden.
**Bewährte Sorten:**
'Aurea', goldgelb mit roter Aderung.
'Moerheim Orange', leuchtend orange.
'Lutea', gelb, besonders großblütig.

## Leopardenblume
### *Belamcanda chinensis*

✿ 7–8 ⬆ 40–70 cm ○

**Wuchs:** Aus der Zwiebel entwickelt sich ein einzelner drahtiger Stängel. Das Laub ist schwertförmig und fächerartig angeordnet.
**Blüte:** Gelbe oder orangefarbige Blüten mit roten Tupfen in großen Blütenständen. Die einzelnen Blüten öffnen sich nur einen Tag lang, es werden jedoch ständig neue Blüten gebildet.
**Standort:** Nahrhafter, lehmiger, aber gut dränierter Boden in voller Sonne.
**Pflege:** Die Zwiebeln werden im Mai nach den letzten Nachtfrösten etwa 5–8 cm tief in Gruppen gepflanzt. Vor der Pflanzung muss der Boden mit viel Sand und reifem Kompost vermischt werden. Nach dem Austrieb mineralisch düngen. Im Oktober werden die Zwiebeln aus dem Boden genommen und frostfrei wie Gladiolen überwintert.
**Verwendung:** In Rabatten und Sommerblumenpflanzungen mit farblich passenden Partnern.

## Blumenrohr
### *Canna*-Indicum-Hybriden

✿ 7–10 ⬆ 70–150 cm ○

**Wuchs:** Aufrecht, aus der Knolle entwickelt sich ein einzelner kräftiger Stängel, der innen hohl ist. Das Laub ist breit lanzettlich und dunkelgrün oder gestreift.
**Blüte:** Orchideenähnlich, in endständigen, dichten Rispen. Meist in Gelb-, Orange- oder Rottönen.
**Standort:** Kräftiger, frischer bis leicht feuchter Boden. Der Standort sollte sonnig und geschützt sein.
**Pflege:** Die Knollen werden im Mai etwa 20 cm tief gepflanzt. Der Boden sollte vor der Pflanzung mit reichlich Kompost angereichert werden, auch eine

Die Leopardenblume *(Belamcandie chinensis)* ist noch relativ unbekannt.

Das Blumenrohr *(Canna-Indicum*-Hybriden) bringt eine Prise Exotik in den Garten.

Düngung mit gut verrottetem Mist fördert das Wachstum. Bei Trockenheit reichlich gießen und vor der Blüte eventuell noch einmal mineralisch düngen. Wenn die Haupt-Blütenrispe abgeblüht ist, sollte sie herausgebrochen werden, um die Nebenrispen zum Blühen anzuregen. Nach den ersten Nachtfrösten im Herbst werden die Knollen aus dem Boden genommen, getrocknet und frostfrei überwintert. Dazu werden sie kopfüber in Laubmull oder Sand in Kisten gelegt.

**Verwendung:** Tropisch anmutende Knollenpflanze, die etwas schwierig zu vergesellschaften ist. Am besten verwendet man sie in bunten Beeten mit farblich passenden Sommerblumen. Auch eine Pflanzung in Kübeln ist möglich.

**Bewährte Sorten:**
'Amerika', purpurrote, sehr große Blüten, 120 cm.
'Brillant', zinnoberrote Blüten, 80 cm.
'Goldfinger', gelbe Blüten und gelb geaderte Blätter, 110 cm.
'Lucifer', scharlachrote Blüten mit gelbem Rand, 60 cm.
'Tirol', zartrosa Blüten, 110 cm.
'Wyoming', orange Blüten und rotbraunes Laub, 130 cm.

Im Herbst öffnen sich die Blüten der Herbst-Zeitlosen, oft zusammen mit der leuchtenden Herbstfärbung vieler Gehölze.

## Herbst-Zeitlose
*Colchicum autumnale*

✿ 9–10 ⬆ 10–15 cm ○–◑

**Wuchs:** Aus der Zwiebel entwickeln sich im Herbst mehrere Blüten, das riemenförmige Laub erscheint dagegen erst im kommenden Frühjahr.

**Blüte:** Blasslila, krokusähnlich, auf weißen Röhrenstielen sitzend. Pro Zwiebel entwickeln sich mehrere Blüten.

**Standort:** Durchlässiger, aber frischer Boden in der Sonne oder im lichten Schatten von Gehölzen.

**Pflege:** Die Zwiebeln werden im August 10–15 cm tief in kleinen Gruppen gepflanzt und blühen schon einen Monat später. Am besten pflanzt man sie an einen Standort, an dem sie ungestört bleiben und sich langsam durch Brutzwiebeln ausbreiten können.

**Verwendung:** In kleinen Gruppen zwischen Gehölzen oder im Rasen. Auch zwischen Bodendeckern gut einsetzbar. Hier bringen sie im Herbst noch einmal Farbe in die Pflanzung.

**Achtung:** Die gesamte Pflanze ist stark giftig!

**Bewährte Sorten:**
'Album', weiß blühend mit sehr schlanken Blüten.
'Atropurpureum', kräftig violett.
'Plenum', blauviolette, gefüllte Blüten.

## Kaukasus-Zeitlose
*Colchicum speciosum*

✿ 9–10 ⬆ 15–20 cm ○–◑

**Wuchs:** Aus einer Knolle entwickeln sich zahlreiche Blüten, das breitlanzettliche, sehr große Laub hingegen erscheint erst im folgenden Frühjahr.

**Blüte:** Kelchförmig, Durchmesser bis zu 20 cm, hellviolett bis violettrosa, auf kräftigen Röhrenstielen stehend. Etwas später blühend als *Colchicum autumnale*.

**Standort:** Durchlässiger, mäßig trockener bis frischer Boden in der Sonne oder im lichten Streuschatten von Gehölzen.

**Pflege:** Die Zwiebeln werden Anfang August etwa 10–15 cm tief gepflanzt und blühen schon einen Monat später. Sie sollten an einem Standort stehen, an dem sie möglichst nicht gestört werden und benötigen keine weitere Pflege.

**Verwendung:** In kleinen Gruppen unter lichten Gehölzen, zwischen Bodendeckern, auch im Vordergrund von Staudenrabatten, etwa vor Kissenastern.

**Achtung:** Die gesamte Pflanze ist stark giftig!

**Bewährte Sorten:**

'Autumn Queen', dunkelviolette Blüten mit zarter Karomusterung und gelblichem Schlund.

'Disraeli', sehr große violette Blüten mit Karomuster.

'Lilac Wonder', hellviolette Blüten mit zipfeligen Blütenblättern.

'Pink Better', Prupurrosa Blüten, lange blühend.

'The Giant', rosaviolette Blüten mit bis zu 20 cm Durchmesser. Sehr starkwüchsig, gut zur Verwilderung im Rasen geeignet.

Die gefüllte Zeitlose 'Waterlily' wirkt mit ihren dicht gefüllten Blüten kurios, kann aber in kleinen Gruppen gut als Blickfang verwendet werden.

### Gefüllte Zeitlose
### *Colchicum* 'Waterlily'

✿ 9–10 ⬆ 15–20 cm ○–◑

**Wuchs:** Aus der Zwiebel entwickeln sich im Herbst mehrere Blüten, das riemenförmige Laub erscheint erst im folgenden Frühjahr.

**Blüte:** Rosaviolett, stark gefüllt mit zurückgebogenen Blütenblättern, so dass sie an kleine Seerosen erinnern.

**Standort:** Durchlässiger, mäßig trockener bis frischer Boden in voller Sonne oder dem lichten Streuschatten von Gehölzen und auch im Steingarten.

**Pflege:** Die Zwiebeln werden im August 10–15 cm tief in kleinen Gruppen gepflanzt. Danach sollten sie ungestört bleiben und benötigen keine weitere Pflege.

**Verwendung:** Als herbstlicher Farbtupfer zwischen Gehölzen. Sehr wirkungsvoll vor Koniferen mit dunklen Nadeln.

**Achtung:** Die gesamte Pflanze ist stark giftig.

Bei der Tagblume öffnen sich täglich zahllose leuchtend blaue kleine Blüten, und dies den ganzen Sommer über.

Nach dem Austrieb sollten sie etwas mineralischen Dünger erhalten. Auf Schneckenbefall achten, denn die jungen Triebe gehören zu deren Lieblingsspeisen. Nach dem ersten Herbstfrösten werden die Knollen aus dem Boden genommen und wie Dahlien frostfrei überwintert. Für eine frühere Blüte können Sie die Knollen auch schon ab März im Haus vortreiben.
**Verwendung:** In gemischten Rabatten, in Sommerblumenbeeten. Die blaue Blütenfarbe ist rar und harmoniert mit fast allen anderen Blütenfarben.

### Blaue Tagblume
***Commelina tuberosa***

✿ 7–9 ⬆ 50–70 cm ○

**Wuchs:** Aufrecht verzweigt mit zahlreichen Blütenstängeln. Lanzettliches Laub, das ebenso wie die Stängel behaart ist.
**Blüte:** Enzianblaue kleine Blüten mit dreieckiger Grundform. Sie öffnen sich jeweils nur für einen Tag, es werden aber ständig riesige Mengen neuer Blüten nachgebildet.
**Standort:** Humoser, aber durchlässiger, frischer Gartenboden in voller Sonne.
**Pflege:** Die Knollen werden im Mai etwa 10 cm tief gepflanzt.

### Montbretie
***Crocosmia x crocosmiiflora***

✿ 7–9 ⬆ 60–90 cm ○

**Wuchs:** Drahtige Stängel, schwertförmiges, straff aufrecht wachsendes Laub. Durch Brutzwiebelbildung zu dichten Horsten wachsend.
**Blüte:** Orangerote, aufrecht stehende Trichterblüten in dichten, übergeneigten Ähren, duftend.
**Standort:** Nährstoffreicher und eher frischer, aber gut durchlässiger Boden in voller Sonne.
**Pflege:** Die Zwiebeln werden im Frühjahr etwa 10 cm tief in Gruppen gepflanzt. Nach dem Austrieb mineralisch düngen. Montbretien sind empfindlich gegen Frost und Winternässe. In milden Gegenden können die Zwiebeln den Winter über mit einer guten Abdeckung aus Laubmull und Nadelreisig in der Erde verbleiben, ansonsten ist es besser, die Zwiebeln im Herbst herauszunehmen und frostfrei wie Gladiolenzwiebeln einzulagern.
**Verwendung:** In Gruppen auf Rabatten mit farblich passenden Stauden wie Salbei *(Salvia)* oder Fackelilie *(Kniphofia)*. In speziellen Schnittblumenbeeten.
**Bewährte Sorten:**
'Aurora', orange.
'Fire King', hellrot.
'Lady Wilson', orange.
'Vesuvius', dunkelrot.

Die Fernwirkung der leuchtend orangeroten Montbretien-Blüten ist enorm. Das Laub besitzt zusätzlichen Zierwert.

Auch im Herbst kann man sich an der Krokusblüte erfreuen, der Herbst-Krokus *(Crocus speciosus)* macht es möglich.

**Herbst-Krokus**
***Crocus speciosus***

✿ 9–11 ⬆ 10–15 cm ○–◑

**Wuchs:** Aus jeder Zwiebel entwickelt sich im Hernst eine einzelne Blüte. Das Laub erscheint erst nach der Blüte. Bildet durch Brutzwiebeln und Aussaat kleine Teppiche.
**Blüte:** Violette Trichterblüten mit dunkleren Längsstreifen. Die Blütenblätter sind spitz zulaufend, die orangen Staubgefäße gut sichtbar.
**Standort:** Durchlässiger frischer Boden, sonnig oder halbschattig.
**Pflege:** Die Zwiebeln werden im Juli/August 5–10 cm tief in kleinen Gruppen gepflanzt. Am Besten kommen sie mit einem Standort, wo sie sich ungestört ausbreiten können, zurecht.

Gelegentliche Gaben von Laubkompost genügen als Pflegemaßnahme.
**Verwendung:** Zur Verwilderung zwischen lichten Gehölzen und auf dem Rasen. In Gruppen im Steingarten.
**Bewährte Sorten:**
'Albus', weiß blühende Form.
'Cassiope', violettblau mit sehr großen Blüten.
'Oxonian', besonders dunkelviolette, großblütige Sorte.

**Efeublättriges Alpenveilchen**
***Cyclamen hederifolium***

✿ 9–10 ⬆ 5–10 cm ◑

**Wuchs:** Kolonien bildende Knollenpflanze mit herzförmigem, dunkelgrünen Laub, das silbrig gezeichnet ist.
**Blüte:** Typische Alpenveilchen-Blüte in Rosatönen, duftend.
**Standort:** Mäßig trockener bis frischer Boden, halbschattig, aber geschützt und warm.
**Pflege:** Die Knollen werden im Frühjahr in Gruppen etwa 10 cm tief gepflanzt. Die Erde sollte mit reichlich Laubkompost verbessert werden. Die Wurzeln der Knollen müssen beim Pflanzen nach oben zeigen. Im Winter mit Nadelreisig abdecken. Nicht mit starkwüchsigen Bodendeckern zusammenpflanzen.
**Verwendung:** In Gruppen unter lichten Gehölzen. Vermehrt sich an zusagenden Standorten zu großen Kolonien.

Das Efeublättrige Alpenveilchen kommt im Herbst zur Blüte und strahlt mit den bunten Farben des Herbstlaubes um die Wette.

Die Blütenvielfalt der Dahlien ist riesig, so dass für jeden Geschmack das Richtige dabei ist. Hier sind es Ball-Dahlien und Seerosen-Dahlien.

**Dahlie, Georgine**
***Dahlia*-Hybriden**

✿ 7–10 ⬆ 20–150 cm ○

**Wuchs:** Aus den Knollen entwickeln sich meist mehrere Triebe mit kräftigen Stängeln. Laub groß, dunkelgrün, gefiedert. Die niedrigen Sorten wachsen buschig, die höheren horstig.
**Blüte:** Einfach oder gefüllt, in vielen Farben und interessanten Blütenformen.
**Standort:** Nahrhafter, auch lehmiger Boden, aber immer mit gutem Wasserabzug.
**Pflege:** Die Knollen werden Anfang bis Mitte Mai so tief gepflanzt, dass die Stängelansätze 10 cm tief im Boden sind. Nach dem Austrieb kalibetont düngen und auf Schneckenfraß achten. Hohe Sorten müssen häufig gestützt werden, damit die Horste nicht auseinander fallen. Nach dem ersten Frost werden die Knollen aus dem Boden genommen und frostfrei überwintert.
**Verwendung:** Für spezielle Rabatten, gemischte Beete, die niedrigen Sorten auch in Kübeln. Gute Schnittblumen.
**Bewährte Sorten:** Wegen der Vielfalt der Sorten werden Dahlien nach ihrer Blüteform in Gruppen eingeteilt. Die Auswahl beschränkt sich auf Sorten, die seit Jahren erfolgreich sind, es kommen aber jedes Jahre neue interessante dazu.
**Einfach blühende Dahlien:**
'Fellbacher Gold', gelb, 100 cm.
'Feuerrad', rot, 100 cm.
'Schneekönigin', weiß, 100 cm.
**Anemonenblütige Dahlien:**
'Brio', orangerot, 40 cm.
'Siemen Doorenbosch', rosa, 40 cm.
**Halskrausen-Dahlien:**
'Don Lorenzo', rot mit gelb, 130 cm.
'La Cierva', purpur mit weiß, 120 cm.
**Seerosen-Dahlien:**
'Little Dream', violettrosa, 100 cm.
'Patty', lachsrosa mit gelb, 120 cm.
**Dekorative Dahlien:**
'Bluesette', lila, 50 cm.
'Café au Lait', riesige Blüten, hellkaramell, 100 cm.
'Contraste', dunkelviolett mit weißen Spitzen, 120 cm.
'Procyon', gelb mit roten Spitzen.
**Ball-Dahlien:**
'L'Ancresse', reinweiß, 120 cm.
'Wootton Cupid', rosa, 110 cm.
**Pompon-Dahlien:**
'Bantling', gelborange, 100 cm.
'Hildepuppe', hellrot, 100 cm.
**Cactus-Dahlien:**
'Doris Day', weinrot, 120 cm.
'Park Princess', rosa, 50 cm.
**Semicactus-Dahlien:**
'Elga', rosa, 120 cm.
'Marianne Strauß', dunkelrosa mit gelb, 120 cm.
**Weitere Dahlien:**
'Bishop of Llandaff', hellrot mit rotem Laub, 120 cm.
'Dentelle de Venice', weiß, riesenblütig mit geschlitzten Blütenblättern.
'Fascination', lila mit rotem Laub, 80 cm.

Sommerhyazinthen *(Galtonia candicans)* harmonieren hervorragend mit Sommerblumen in allen Farben.

## Steppenkerze
## *Eremurus stenophyllus*

✿ 6–7 ⬆ 80–120 cm ○

**Wuchs:** Aus jeder Wurzelknolle entwickelt sich ein straffer Stängel, das Laub ist schmal riemenförmig und blaugrün. Es beginnt bereits während der Blüte zu vergilben.
**Blüte:** Gelbe Einzelblüten in kerzenartigen, endständigen Trauben.
**Standort:** Durchlässiger, trockener bis mäßig frischer Boden, sonnig und geschützt.
**Pflege:** Die beste Pflanzzeit ist der frühe Herbst. Die Wurzelknollen werden etwa 15 cm tief gepflanzt. Schweren Boden unbedingt mit reichlich Sand dränieren. Die fingerförmigen Wurzelknollen sind sehr empfindlich und müssen entsprechend sorgfältig und vorsichtig gepflanzt werden. Im Winter ist ein leichter Schutz aus Laubmull von Vorteil.
**Verwendung:** Auf sonnigen Rabatten und Steppenpflanzungen. Sehr wirkungsvoll in Kombination mit Schafgarbe *(Achillea millefolium)*, Färberkamille *(Anthemis tinctoria)*, Katzenminze *(Nepeta × faasenii)* und Gräsern.
**Verwandte Arten:**
*Eremurus robustus*, weiße Blütenkerzen, bis 200 cm.
*Eremurus*-Shelford-Hybriden, Gelb- und Orangetöne, bis 180 cm.

Die kräftigen Blütenkerzen der Steppenkerze *(Eremurus stenophyllus)* überragen die meisten anderen Stauden und setzen wichtige vertikale Akzente.

## Sommerhyazinthe, Kaphyazinthe
## *Galtonia candicans*

✿ 7–8 ⬆ 60–80 cm ○

**Wuchs:** Eintriebig, aufrecht, mit grünem, schmal lanzettlichem Laub.
**Blüte:** Weiße schmale Glockenblüten in lockeren, endständigen Rispen.
**Standort:** Durchlässige, aber nahrhafte Erde in voller Sonne.
**Pflege:** Die Zwiebeln werden im Mai 10 cm tief, am besten in kleinen Gruppen, gepflanzt. Eine sparsame organische Düngung nach dem Austrieb fördert die Blühwilligkeit. Vor dem ersten Frost werden die Zwiebeln herausgenommen und frostfrei überwintert.

Die kräftigen Blütenstände der Gladiole grüßen am Zaun. Sie sind nicht nur hervorragende Schnittblumen für die Vase, sondern bringen auch Farbe in den Nutzgarten.

**Verwendung:** In gemischten Rabatten oder in Sommerblumenbeeten, auch zur Schnittblumengewinnung.
**Verwandte Art:**
*Galtonia viridiflora,* Blüten grünlichweiß, bis 100 cm hoch.

## Gladiole
### *Gladiolus*-Hybriden

✿ 6–9 ⬆ 40–120 cm ○

**Wuchs:** Eintriebig, steif aufrecht, mit schwertförmigen, mittelgrünen Blättern.
**Blüte:** Breit trichterförmig, in endständigen Trauben, viele Farbtöne.
**Standort:** Durchlässiger, frischer und nahrhafter Boden, sonnig.
**Pflege:** Die Knollen werden im Mai 10 cm tief gepflanzt, bei schwerem Boden für eine Dränage mit Sand sorgen. Nach dem Austrieb mineralisch düngen, bei Trockenheit gut wässern. Hohe Sorten müssen meist gestäbt werden, damit sie nicht umfallen. Ende Oktober werden die Knollen ausgegraben und frostfrei überwintert.
**Verwendung:** In Rabatten oder speziellen Schnittblumenbeeten.
**Bewährte Sorten:**
'Applause', rosarot, 120 cm.
'Belle de Nuit', weinrot mit dunklem Rand, 100 cm.
'Eurovision', salmrosa mit dunklem Schlund, 120 cm.
'Nova Lux', gelb, 120 cm.
'Windsong', magenta mit cremefarbigen Schlundfleck, 120 cm.
'Colvilli', niedrige Mischung, bis 60 cm, zierlich.

## Goldband-Lilie
### *Lilium auratum*

✿ 8–9 ⬆ 90–150 cm ◑–●

**Wuchs:** Ein kräftiger Stängel je Zwiebel, dunkelgrünes, lanzettliches Laub, das in lockeren Quirlen um den Stängel wächst.
**Blüte:** Weiß mit gelbem Mittelstreifen, schalenförmig mit leicht zurückgebogenen Blütenblättern. Stark duftend.
**Standort:** Humoser, frischer, kalkfreier Boden im Halbschatten oder Schatten. Der Standort sollte warm und geschützt sein.
**Pflege:** Die Zwiebeln werden im Herbst 15–25 cm tief in kleinen Gruppen gepflanzt. Großzügig mit Laubmulch abdecken. Bei zu schwerem Boden wird der Pflanzplatz mit reichlich Sand dräniert.
**Verwendung:** Aparte Lilie für die Kombination mit Farnen, Rhododendren und Azaleen, die auch ähnliche Ansprüche haben.
**Bewährte Sorte:**
'Rubrum', weiß mit dunkelrosa Mittelstreifen.

## Feuer-Lilie
### *Lilium bulbiferum*

✿ 6–7 ⬆ 60–100 cm ○

**Wuchs:** Aus jeder Zwiebel entwickelt sich ein einzelner kräftiger Stängel, die Blätter sind breit lanzettlich, dunkelgrün und stehen quirlig um den Stängel.
**Blüte:** Leuchtend orangerote, aufrechte Schalenblüten mit braunen Tupfen im inneren Blütenbereich, in dichten Dolden am oberen Stängelende.
**Standort:** Heimische Wildlilienart, gedeiht auf jedem durchlässigen Boden in voller Sonne. Bevorzugt kalkhaltigen, lehmigen Boden.
**Pflege:** Die Zwiebeln werden im Herbst 15–20 cm tief gepflanzt. Bei zu schwerem Boden wird der Pflanzplatz mit Sand und reifem Kompost dräniert. Bildet im Laufe der Jahre dichte Kolonien durch Achselbulben, die zu Boden fallen und keimen. Robuste Lilie, die seit Jahrhunderten kultiviert wird und keine besondere Pflege benötigt. Etwas reifer Kompost im Frühjahr nach dem Austrieb genügt vollkommen.
**Verwendung:** Gruppenweise im Staudenbeet, die kräftige Farbe harmoniert mit gelben Edelgarben *(Achillea filipendulina)*, Färberkamille *(Anthemis tinctoria)* oder auch Rittersporn *(Delphinium)*. Wird auch häufig zur Schnittblumengewinnung in Bauerngärten gepflanzt.

Die Feuer-Lilie ist ausgesprochen robust und wird seit vielen Jahrhunderten in Bauerngärten angepflanzt.

Zu den spät blühenden Lilien gehört die Madonnen-Lilie *(Lilium candidum)*. Ihre edlen weißen Blüten duften zudem köstlich.

## Madonnen-Lilie
### *Lilium candidum*

✿ 6–8 ⬆ 80–100 cm ○

**Wuchs:** Aufrecht, ein Stängel je Zwiebel, Laub dunkelgrün. Lanzettlich, in Quirlen um den Stängel.
**Blüten:** Weiß, trichterförmig mit zurück gebogenen Blütenblättern, stark duftend. Zu 5–15 am Stängelende.
**Standort:** Durchlässiger, kalkhaltiger, auch sandiger Boden. Sonnig und warm.
**Pflege:** Die Zwiebeln werden bereits im August 3–5 cm tief gepflanzt. Nicht tiefer pflanzen, denn die Zwiebel bringt sich selbstständig mit Hilfe von Zugwurzeln in die richtige Position. Es bildet sich eine überwinternde Blattrosette. In rauen Wintern Frostschutz geben. Standschwache Blütenstängel an Stäben anbinden. Madonnen-Lilien sind die einzigen Lilien, die bereits im Sommer gepflanzt werden.
**Verwendung:** In kleinen Gruppen zwischen Stauden und Rosen. Sie sollte in keinem Duftgarten fehlen.

## Türkenbund-Lilie
### *Lilium martagon*

✿ 6–7 ⬆ 60–100 cm ◑

**Wuchs:** Aus jeder Zwiebel entwickelt sich ein einzelner hoher Stängel. Das Laub ist lanzettlich und wächst in Quirlen um den Stängel.

**Blüte:** Prupurrosa bis stumpfviolett mit dunkleren Tupfen. Die Blütenblätter sind so stark nach hinten gerollt, dass die Blüten wie kleine Turbane aussehen. Zu 5–20 in endständigen, lockeren Rispen, streng riechend.

**Standort:** Heimische Waldrandpflanze, wächst vorzugsweise an warmen, geschützten Stellen ohne volle Sonneneinstrahlung. Liebt lockeren, kalkhaltigen Lehmboden.

**Pflege:** Die Zwiebeln werden im Herbst etwa 15 cm tief in lockeren Gruppen gepflanzt. Schwerer Boden sollte vorher mit reichlich Laubmull und etwas Sand dräniert werden. Auch im Winter ist eine Abdeckung mit Laubkompost von Vorteil.

**Verwendung:** In Beeten an Standorten, die dem Lebensbereich Gehölzrand zuzuordnen sind. Gute Pflanzpartner sind Breitblättrige Glockenblume *(Campanula latifolia)*, Gräser wie zum Beispiel Marbel *(Luzula)* und Farne.

Zu den absolut pflegeleichten Lilien gehört die Königs-Lilie *(Lilium regale)*, deren Blüten zudem stark duften. Ein leichter Winterschutz schützt den frühen Austrieb vor Spätfrösten.

**Verwandte Arten:**
*Lilium martagon f. album,* weiße Blüten, großblütiger, 120 cm.
*Lilium × marhan,* orange-gelbe Türkenbundblüten, 180 cm.
*Lilium henryi,* hellorange Türkenbundform, bis 180 cm, muss deshalb oft aufgebunden werden.

## Königs-Lilie
### *Lilium regale*

✿ 7 ⬆ 60–120 cm ○

**Wuchs:** Ein Blütenstängel je Zwiebel, Laub dunkelgrün, quirlig um den Stängel wachsend. Bildet zahlreiche Brutzwiebeln und bildet deshalb große Horste.

**Blüte:** Trichterförmig, waagerecht stehend, zahlreich im oberen Stängelbereich. Stark duftend.

**Standort:** Nahrhafter, aber durchlässiger Gartenboden in voller Sonne.

**Pflege:** Die Zwiebeln werden im Herbst 15 cm tief in kleinen Gruppen gepflanzt. Im Frühjahr den frischen Austrieb bei Frostgefahr abdecken, mit Kompost sparsam mulchen. Wenn die Horste zu groß werden, können die Brutzwiebeln abgenommen und an andere Stellen gepflanzt werden.

**Verwendung:** Im Beet zwischen Stauden und Rosen, gute Schnittblume.

**Garten-Lilie**
***Lilium*-Hybriden**

✿ 6–8 ⬆ 50–150 cm ○

**Wuchs:** Ein einzelner Stängel je Zwiebel, Laub dunkelgrün, lanzettlich, in Quirlen um den Stängel.
**Blüte:** Je nach Eltern trichter- oder sternförmig, aufrecht, waagerecht oder nickend. Fast alle Farben außer Blau. Viele Sorten duften.
**Standort:** Frischer, nahrhafter, aber durchlässiger Boden, sonnig, jedoch nicht heiß.
**Pflege:** Die Zwiebeln werden im Herbst 15–20 cm tief gepflanzt. Spät blühende Sorten können auch im Frühling gepflanzt werden. Schwere, lehmige Böden sollten durch eine Dränage mit Sand verbessert werden. Durch den frühen Austrieb sind viele Sorten spätfrostgefährdet, daher sollten die jungen Triebe wenn nötig mit Reisig abgedeckt werden. Gelegentliche Gaben von Humus erhöhen die Blühwilligkeit.
**Verwendung:** In Beeten, zwischen Stauden, auch in Töpfen. Lilien sind gute Schnittblumen.
**Bewährte Sorten:**
'African Queen, gelb-orangene Trompeten, 150 cm.
'Citronella', gelb, Türkenbundform, 150 cm.
'Conneticut King', gelb, 80 cm.
'Enchantment', orangerot, 80 cm.
'Pink Giant', altrosa, 100 cm.

Die Blütenfarben und -formen der Gartenlilien sind umfangreich. Die abgebildete Sorte gehört zu den besonders robusten Asiatischen Hybriden.

Die Paradieslilie ist relativ selten in den Gärten zu finden und braucht einen Winterschutz.

**Paradieslilie**
***Paradisea liliastrum***

✿ 6–7 ⬆ 30–60 cm ○–◑

**Wuchs:** Aus dem knolligen Rhizom entwickelt sich ein einzelner Stängel und mehrere grasartige Blätter.
**Blüte:** Weiß, trichterförmig, duftend. In einseitiger lockerer Rispe am oberen Stängelende sitzend.
**Standort:** Nahrhafte, aber lockere und durchlässige Erde, sonnig oder halbschattig.
**Pflege:** Die Rhizome werden im Frühherbst oder Frühling vorsichtig 20–25 cm tief gepflanzt. Die kleinen Wurzeln an den Rhizomen brechen leicht ab. Pflanz-

Ranunkeln *(Ranunculus asiaticus)* sehen nicht nur im Topf ganz reizend aus, sondern lassen sich auch in kleinen Tuffs in Beete pflanzen.

stelle mit einer dicken Mulchschicht bedecken, die erst nach der Blüte abgenommen wird. Im nächsten Herbst die Mulchschicht wieder erneuern. Auf diese Weise können die Pflanzen viele Jahre an ihrem Standort bleiben.
**Verwendung:** In gemischten Beeten, zwischen niedrigen Gehölzen.

### Ranunkel
### *Ranunculus asiaticus*

✿ 6–8 ⬆ 10–35 cm ○–◑

**Wuchs:** Kräftiger, behaarter Stängel mit endständiger Blüte, Laub gefiedert.
**Blüte:** Ursprünglich flache Schalenblüten, viele gefüllte Sorten, fast in allen Farben erhältlich.
**Standort:** Nahrhafter, durchlässiger Boden. Sonnig bis halbschattig, aber immer warm und geschützt.
**Pflege:** Die Knollen werden ab Ende März etwa 5 cm tief gepflanzt, wobei die »Krallen« nach unten zeigen müssen. Vorher einige Stunden wässern, sie wachsen sonst nicht gut an. Bei Trockenheit gründlich wässern. Vor dem ersten Frost werden die Knollen herausgenommen und frostfrei überwintert.
**Verwendung:** Zwischen niedrigen Sommerblumen und Bodendeckern, zur Schnittblumengewinnung. Meist werden bunte Mischungen angeboten, bestimmte einzelne Farben sind schwer zu bekommen.

### Gelbe Ingwer-Orchidee
### *Roscoea cautleoides*

✿ 7–8 ⬆ 30–60 cm ○–◑

**Wuchs:** Eintriebig, mit kräftigem Stängel, der aus Etagen von zusammengerollten Blättern besteht.
**Blüte:** Schwefelgelb, erinnert entfernt an Orchideenblüten. Erscheint in endständiger, dichter Ähre.
**Standort:** Gut dränierter, am besten sandig-lehmiger Boden, sonnig oder halbschattig.

**Pflege:** Die knolligen Rhizome werden im zeitigen Herbst 10–15 cm tief gepflanzt und mit einer dicken Laubschüttung bedeckt. Bei schwerem Boden eine Dränageschicht aus Sand einarbeiten.
**Verwendung:** Aparte Pflanze für gemischte Beete und im sonnigen Vordergrund von Gehölzen.

## Tigerblume, Pfauenblume
***Tigrida pavonia***

✿ 7–9 ⬆ 40–60 cm ○

**Wuchs:** Aufrecht, eintriebig, mit schwertförmigen Blättern.
**Blüte:** Dreieckige Grundform durch die drei größeren der insgesamt sechs Blütenblätter. Im Blütengrund eine rote, scheckige Musterung. Viele leuchtende Gelb- und Rottöne.
**Standort:** Nahrhafter, aber durchlässiger Gartenboden in voller Sonne.
**Pflege:** Die Zwiebeln werden ab Ende April etwa 10 cm tief gepflanzt. Bei schwerem Boden ist eine Dränage mit Sand sinnvoll. Danach wird die Pflanzstelle mit Laubmull abgedeckt. Ende Oktober werden die Zwiebeln aus der Erde genommen und frostfrei überwintert.
**Verwendung:** Etwas schwierig zu kombinieren. In Gruppen zwischen Sommerblumen mit harmonierenden Blütenfarben oder auf speziellen Schnittblumenbeeten.

Von tropischer Schönheit: Die Tiger- oder Pfauenblume *(Tigrida pavonia)*, mit geflecktem Schlund.

**Bewährte Sorten:**
Meist werden im Handel bunte Mischungen angeboten, es gibt aber auch einige Farbsorten.
'Alba', weiß mit gelber Mitte.
'Lilacea', violett.
'Red Giant', feuerrot mit gelber Mitte.

Die Ingwer-Orchidee ist ein seltener Gast in unseren Gärten. Mit einem guten Winterschutz ist sie aber recht ausdauernd und begeistert durch ihre interessanten Blüten.

**auf einen blick**

- Für jeden Standort und für jeden Geschmack ist eine große Zahl attraktiver und pflegeleichter Zwiebel- und Knollenblumen erhältlich.
- Die Pflegehinweise in den Porträts helfen bei der Auswahl der richtigen Arten und Sorten.
- Viele Arten sind robust und benötigen kaum Pflege.

# Mit Zwiebel- und Knollenblumen gestalten

Die Vielzahl der verschieden Zwiebel- und Knollenpflanzen, ihre unterschiedliche Gestalt und ihre Ansprüche an den Standort bieten Raum für die schönsten Gestaltungsmöglichkeiten.

Dieses Beet besticht durch seine feurigen Gelb- und Orangetöne und vermittelt die Wärme des Sommers.

Ebenso wie Stauden lassen sich auch Zwiebel- und Knollenpflanzen verschiedenen Lebensbereichen zuordnen. Je nach Herkunft der Arten, bei Gartenhybriden deren Vorfahren, stellen sie bestimmte Ansprüche an Boden, Lichtverhältnisse und Klima (siehe auch Seite 13 ff.).
Auch in der Natur wachsen Pflanzen in Gemeinschaften mit anderen Pflanzen. Diese natürlichen Pflanzengemeinschaften geben Hinweise und Anregungen für die Verwendungsmöglichkeiten im eigenen Garten. Natürlich spielen auch dekorative Aspekte eine wesentliche Rolle für die Vergesellschaftung der verschiedenen Arten und Sorten.

## Die wichtigsten Gestaltungsregeln

Um harmonische Pflanzungen zu erhalten, sollten bei der Planung einige grundlegende Aspekte berücksichtigt werden.

◀ Hier bilden die Blüten des Zierapfels und der Tulpen eine traumhafte Farbharmonie. Mit Hilfe von Frühlingszwiebeln sind viele Farbkombinationen möglich.

### Die Farbgestaltung

Farbe ist ein sehr dominantes Gestaltungselement, das bei der Betrachtung einer Pflanzung als erstes wahrgenommen wird. Auch erzeugen Farben und Farbkombinationen spontane Stimmungen beim Betrachter. Und Farben können sich in Kombinationen gegenseitig beeinflussen, also in ihrer Wirkung auf den Betrachter steigern oder dämpfen.

**So wirken die einzelnen Farben:**

- **Weiß** taucht im Farbkreis nicht als Farbe auf, ist jedoch ein wichtiges Gestaltungsmittel. Es wirkt elegant und strahlend und harmoniert mit allen anderen Farben. Monochrome weiße Pflanzungen können durch die verschiedenen Nuancen sehr subtil und luftig wirken, benötigen jedoch ein Gegengewicht, zum Beispiel das Grün der Blätter, um nicht zu verschwommen und konturlos zu erscheinen. Weiß lässt sich immer gut als trennendes Element zwischen Farben verwenden, die in direkter Nachbarschaft nicht gut miteinander harmonieren.
- **Gelb** wirkt je nach Farbton warm oder kühl. Gelbtöne mit Grünanteil erscheinen uns eher kalt, solche mit Orangeanteil dagegen warm. Kühle Gelbtöne vermitteln Frühjahrsstimmung, während ins Orange tendierende Gelbtöne dem Spätsommer zugeordnet werden.
- **Orange** wirkt warm, manchmal auch feurig. Es ist eine kraftvolle, dominierende Farbe, die leicht alle anderen Farben übertönt und daher mit Fingerspitzengefühl verwendet werden sollte.

- **Rot** wirkt je nach Grundton sehr unterschiedlich. Leuchtendes, zu Orange tendierendes Rot wirkt grell und strahlend. Es zieht sofort die Aufmerksamkeit auf sich. Rot, das einen Blauanteil in sich trägt, hat hingegen eine ganz andere Ausstrahlung. Es wirkt kühl, manchmal sogar kalt. Beide Arten von Rot sollten nicht miteinander kombiniert werden, sie »beißen« sich geradezu.
- **Rosa** ist eine verbindende Farbe. Mit Rosa verbindet man Süße, Romantik, Duftigkeit. Doch ebenso wie bei Weiß muss man darauf achten, dass genügend spannende Strukturen in der Pflanzung vorhanden sind.
- **Blau** ist eine kühle Farbe, die für Frische und Entspannung steht. Sowohl das Meer als auch der Himmel sind blau, und beide stehen für Ewigkeit und Ruhe. Abstufungen hin zu violetten Tönen wirken wärmer als reines Blau, sehr kalt dagegen wirken Türkistöne.
- **Grün** ist eine beruhigende Farbe. Sie verbindet und vermittelt wie Weiß zwischen allen anderen Farben, stellt sich dabei aber nie selbst in den Vordergrund.

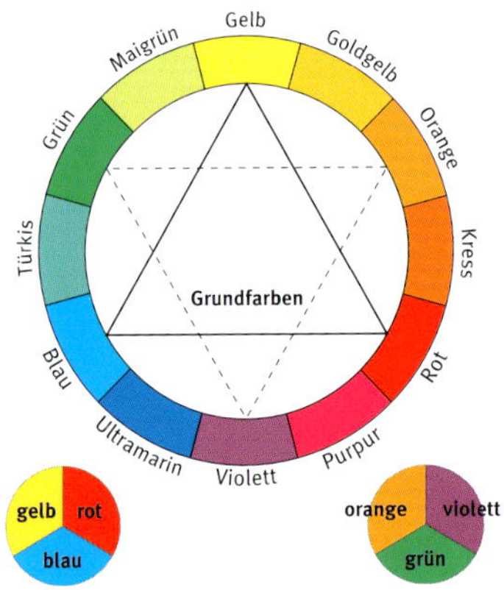


Mit Hilfe des Farbkreises können Sie schnell und sicher bestimmen, welche Farben harmonieren oder nicht.

## Gelungene Farbkombinationen

Je nach Zusammenstellung einzelner Farben wirken Pflanzungen harmonisch oder spannungsreich.

Mit Hilfe des **Farbkreises** lassen sich Farbkombinationen herausfinden, die die gewünschte Wirkung entfalten. Der Farbkreis zeigt die Palette der 12 reinen Farben. Die Farben, die sich im Farbkreis gegenüber stehen, werden **Komplementärfarben** genannt und ergeben einen spannungsreichen Kontrast. Sie besitzen keine gemeinsamen Farbpigmente. Komplementärfarben sind zum Beispiel:

- Gelb und Violett
- Rot und Grün
- Orange und Blau

Farben, die auf dem Farbkreis nebeneinander stehen, wirken zusammen harmonisch. Sie haben relativ viele gemeinsame Farbpigmente.

Alle Farbtöne können zudem noch unterschiedlich durch Weiß aufgehellt sein und verändern dadurch ihren Charakter erheblich. So verändert sich zum Beispiel farbkräftiges Violett durch einen hohen Weißanteil zu einem pudrigen Lila.

## Pflanzungen mit kontrastierenden Farben

Dazu verwenden Sie Farben, die sich auf dem Farbkreis mehr oder weniger gegenüber stehen. Statt der Komplementärfarben Gelb und Blau können Sie auch Orange und Blau oder Rot und Blau kombinieren. Sehr auffällig ist die Kombination der Komplementärfarben Violett und Orange, doch auch hier gibt es gelungene Zusammenstellungen. Sie sind jedoch etwas gewöhnungsbedürftig und erfordern viel Fingerspitzengefühl bei der Planung. Interessant sind auch kontrastierende Dreiklänge, beispielsweise Rot-Weiß-Blau oder Rot-Gelb-Blau.

Ein dichter Teppich mit blauen Hasenglöckchen steht in Kontrast zur intensiv gelb blühenden Azalee.

Vor dem weißen Hintergrund von Nachtviole *(Hesperis matronalis)* und Ehrenpreis *(Veronica)* kommen die dunklen Tulpen gut zur Geltung.

## Pflanzungen mit benachbarten Farben

Farbkombinationen aus Farben, die auf dem Farbkreis direkt nebeneinander stehen, sind auch für die Gärtner, die sich bei der Farbanwendung noch nicht allzu sicher fühlen, relativ einfach zu planen. Zusammenstellungen der Farben Gelb, Orange und Rot wirken immer harmonisch, solange in den Rottönen keine Blauanteile enthalten sind. Fast schon klassisch ist die Zusammenstellung von Purpur, Violett und Blau. Sie ist der Inbegriff der Farbpalette für einen romantischen Garten. Bei entsprechenden Weißanteilen hellt sich diese Kombination zu Rosa, Lila und Hellblau auf.

## Monochrome Pflanzungen

Verwendet man nur eine einzelne Farbe in verschiedenen Nuancen und Helligkeitsabstufungen, spricht man von monochromen Pflanzungen. Sie wirken sehr harmonisch, können aber auch langweilig werden, wenn nicht auf belebende horizontale und vertikale Strukturen geachtet wird.

Gewagte Farbkombinationen wie bei dieser Pflanzung aus lachsorangefarbenen Tulpen und dunkelrosa Zwerg-Herzblumen *(Dicentra eximina)* können sehr reizvoll wirken.

## Kombinationen mit Zwiebel- und Knollenpflanzen

Genauso vielgestaltig, wie die verschiedenen Zwiebel- und Knollenpflanzen sind, so vielfältig sind auch ihre Einsatzmöglichkeiten im Garten. Es gibt Zwerge und Riesen, filigrane Gestalten und dominierende Figuren; und alle finden ihren Platz an der Seite von Stauden und Gehölzen oder in Kombinationen miteinander.
Zwiebel- und Knollenpflanzen gehören zu den ersten Frühlingsboten, und auch im Herbst schicken noch einige Arten ihre Blüten als späten Gruß ins Beet. Im folgenden Abschnitt sollen die vielfältigen Verwendungsmöglichkeiten von Zwiebel- und Knollenpflanzen vorgestellt werden.

### Showzüchtungen und naturnahe Formen

Um stimmige Kombinationen zu erhalten, muss der Charakter der verwendeten Pflanzen zueinander passen. Auch bei den Zwiebel- und Knollenpflanzen sind neue Sorten oft mit dem Ziel gezüchtet worden, noch größere Blüten in noch beeindruckenderen Farben zu erhalten. Solche Züchtungen brauchen

1. *Stachys byzanthina*
2. *Lavandula angustifolia*
3. *Linum narbonense*
4. *Linum flavum*
5. *Achillea millefolium* 'Terracotta'
6. *Allium christiphii*
7. *Allium sphaerocephalum*
8. *Kniphofia*-Hybride
9. *Calamagrostis × acutiflora* 'Karl Foerster'
10. *Stipa pennata*
11. *Allium aflatuense* (blüht nicht mehr)
12. *Allium geganteum*
13. *Crambe cordifolia*
14. *Colchicum autumnale*
15. *Tulipa batalinii*

**Vorblüher und Mitblüher**

eine Bühne, auf der sie sich präsentieren können und sind oft schwierig mit anderen Pflanzen zu kombinieren. Diese Showtalente sollten am besten unter sich bleiben oder in kleinen Gruppen besondere Akzente setzen.
Von ganz anderem Wesen sind Sorten, die sich noch nicht so weit von den ursprünglichen Formen entfernt haben. Sie lassen sich leichter mit Stauden und Gehölzen in dauerhaften Pflanzungen kombinieren.

**Frühlingsbeet**

① *Prunus subhirtella* 'Pendula'
② *Tulipa fosteriana* 'Red Emperor'
③ *Narcissus* 'Flower Record'
① *Narcissus* 'Carlton'

## Vorblüher und Mitblüher im Beet

Zwiebel- und Knollenblumen können im Beet unter zwei verschiedenen Aspekten kombiniert werden: Die Frühlingsblüher überbrücken die Phase bis zur ersten Hochsaison der Stauden im Frühsommer, die Sommerblüher hingegen sind hervorragende Partner für Stauden, und in gemischten Rabatten auch der Gehölze und Rosen.

## Frühlingsblüher miteinander kombiniert

Bei den klassischen Frühlingsblühern wie Tulpen und Narzissen denkt man unwillkürlich an die farbenprächtigen Pflanzungen in Parks und öffentlichen Gärten. Dort werden sie meist flächig in großen Stückzahlen ausgepflanzt.
Auch im eigenen Garten können Sie solche Beete anlegen, wenn meist in kleineren Dimensionen. Besonders Flächen, die später im Jahr für Sommerblumenpflanzungen genutzt werden sollen, können Sie gut mit dekorativen Zwiebelblumen bestücken. Dabei sind sowohl bunte als auch dezente Farbkombinationen möglich, ebenso Beete, bei denen Sie sich nur auf Tulpen beschränken, oder solche, bei denen Tulpen mit Narzissen oder anderen Zwiebelblumen kombiniert werden. Besonders schön sehen diese Beete aus, wenn die einzelnen Sortenbereiche wie Bänder ineinander verwoben werden. Es lassen sich subtile Farbabstufungen oder fröhliche Kontraste pflanzen. Der Fantasie sind dabei keine Grenzen gesetzt.

## Frühlingsblüher unter und zwischen Gehölzen

Zahlreiche Zwiebelblumen-Arten sind in der Natur unter Bäumen und Sträuchern zu Hause. Im Garten leuchten Hasenglöckchen *(Hyacinthoides)*, Blaustern *(Scilla)* und Zwergnarzissen *(Narcissus)* mit frühlingsblühenden Sträuchern wie Zaubernuss *(Hamamelis)* oder Scheinhasel *(Corylopsis)* um die Wette. Besonders die Kombination von blauen und gelben Blüten wirkt frisch und fröhlich, sie spiegelt Himmel und Sonne am Boden wider.
Auch Azaleen und Rhododendren verlangen geradezu nach Kontrastfarben zu ihren Füßen.

## Kombinationen mit Sommerblumen

Sommerblühende Zwiebel- und Knollenblumen lassen sich ganz hervorragend mit Sommerblumen vergesellschaften. Hoch wachsende wie Blumenrohr *(Canna)* oder Dahlien *(Dahlia)* können als Struktur gebende Solitärs eingesetzt und wie Leitstauden in der Staudenrabatte verwendet werden. Niedrigere Arten und Sorten bilden zusammen mit den Sommerblumen bunte Blütenteppiche zwischen Stauden und Gehölzen und füllen schnell so manche hässliche Lücke. Auch hierbei können Sie raffinierte Farbkompositionen planen. Beete in kontrastierenden, benachbarten oder monochromen Farbtönen sind möglich.

① *Rhododendron* 'Narcissiflora'
② *Rhododendron* 'Gibraltar'
③ *Rhododendron* 'Christopher Wren' (alle drei Azalleen)
④ *Hyacinthoides hispanica*
⑤ *Arum maculatum*
⑥ *Gailanthus nivalis*
⑦ *Pachysandra terminalis*

**Frühlingsblüher und Gehölze**

**Sommerblumen, die sich gut mit sommerblühenden Zwiebel- und Knollenblumen kombinieren lassen**

| **Deutscher Name** ***(Botanischer Name)*** | **Blütezeit, Höhe Standort** | **Wuchs** | **Blüte** | **Gute Zwiebel- und Knollenpartner** |
|---|---|---|---|---|
| Pantoffelblume *(Calceolaria-Hybriden)* | ✿ 7–9, ⬆ 20–30 cm, ○ | Buschig | Gelbe oder rote Pantoffelblüten in endständigen dichten Trauben | Dahlien, Blumenrohr, Tigerblume |
| Kalifornischer Mohn *(Eschscholzia californica)* | ✿ 6–9, ⬆ 20–30 cm, ○ | Buschig, horstbildend | Mohnblüten in allen Gelb- und Orangeschattierungen, neue Sorten auch rosa | Zierlauch, Sommerhyazinthe, Steppenkerze |
| Roter Lein *(Linaria grandiflorum)* | ✿ 6–9, ⬆ 30–40 cm, ○ | Locker verzweigt, aufrecht | Rote oder weiße Schalenblüten | Zierlauch, Sommerhyazinthe, Leorpardenblume |
| Prachtlobelie *(Lobelia × speciosa)* | ✿ 7–9, ⬆ 50–100 cm, ○ | Straff aufrecht | Lippenblüten in roten, rosa oder blauen Tönen, in dichten Kerzen | Lilien, Gladiole, Tigerblume |
| Muschelblume *(Molucella laevis)* | ✿ 7–9, ⬆ 60–100 cm, ○ | Straff aufrecht | Grüne Blüten in dichten Kerzen | Montbretie, Gladiole, Dahlie |
| Hoher Ziertabak *(Nicotiana sylvestris)* | ✿ 7–9, ⬆ 120–150 cm, ○–◑ | Dichte Blattrosette, ein einzelner kräftiger Stängel | Hängende Trompetenblüten in endständigen Dolden, duftend | Dahlie, Blumenrohr |
| Jungfer im Grünen *(Nigella damascena)* | ✿ 6–8, ⬆ 30–50 cm, ○ | Buschig bis stark verzweigt, fein gefiedertes Laub | Blaue, rosa oder weiße Strahlenblüten, umgeben von nadelartigen Hochblättern | Zierlauch, Glockenlauch, Sommerhyazinthe, Inkalilie |
| Schwarznessel *(Perilla frutescens)* | ✿ 7–9, ⬆ 40–80 cm, ○ | Buschig verzweigt, rötliche Blätter, Brennnesseln ähnlich | Unauffällig, Blattschmuckpflanze! | Blumenrohr, Dahlie, Gladiole |
| Wunderbaum *(Rhicinus communis)* | ✿ 7–10, ⬆ 100–200 cm, ○ | Aufrecht, verzweigt, mit riesigen gefingerten Blättern | Unscheinbar, rote, kugelige Fruchtstände, giftig! | Blumenrohr, Dahlie, Gladiole |
| Sonenhut *(Rudbeckia hirta)* | ✿ 7–10, ⬆ 30–80 cm, ○ | Buschig, horstartig, rau behaartes Laub | Sonnenblumen ähnlich, mit dunkler kegelförmiger Mitte, alle Gelb-, Orange- und Rottöne | Blaue Tagblume, Sommerhyazinthe |
| Scharlach-Salbei *(Salvia coccinea)* | ✿ 7–10, ⬆ 40–60 cm, ○ | Aufrecht, verzweigt | Lippenblüten in Rot- und Rosatönen | Lilie, Sommerhyazinthe, Blaue Tagblume |
| Mehliger Salbei *(Salvia farinacea)* | ✿ 7–10, ⬆ 40–70 cm, ○–◑ | Buschig verzweigt, graugrünes Laub | Blaue oder weiße Lippenblüten in dichten Kerzen, Knospen wirken wie mit Mehl bestäubt | Inkalilie, Galdiole, Leopardenblume |
| Studentenblume *(Tagetes erecta)* | ✿ 6–10, ⬆ 40–80 cm ○ | Aufrecht, verzweigt, dunkelgrünes gefiedertes Laub | Ballförmige Blüten in Gelb- und Orangetönen | Dahlie, Blumenrohr, Blaue Tagblume |
| Schleier-Eisenkraut *(Verbena bonariensis)* | ✿ 7–10, ⬆ 80–120 cm, ○ | Aufrecht, sparrig verzweigt | Violett, in kleinen endständigen Dolden | Sommerhyazinthe, Lilie, Inkalilie |

Hohe Tulpen in Rosa- und Lilatönen mit farblich ähnlichen Stauden *(Saxifraga, Aubrieta)* und Gehölzen *(Weigela praecox)*.

## Zwiebel- und Knollenpflanzen mit Stauden kombiniert

Zwiebel- und Knollenpflanzen fügen sich hervorragend in klassische Staudenrabatten, aber auch in Steppenpflanzungen oder Staudenbeete im Gehölzrandbereich ein. Sie werden bei der Planung genau wie Stauden nach Blütenfarben, Blütezeit und Wuchseigenschaften ausgewählt, um eine abwechslungsreiche Pflanzung zu erhalten. So lassen sich zum Beispiel hohe Laucharten *(Allium)* und Steppenkerzen *(Eremurus)* gut als vertikale Hingucker in einer ansonsten flächigen Steppenpflanzung einsetzen.

## Kübel, Töpfe und Schalen für Zwiebeln und Knollen

Nicht nur sommerblühende Beet- und Balkonblumen, sondern auch Zwiebelpflanzen eignen sich hervorragend für die Bepflanzung von Töpfen und Schalen. Arrangements in bunten oder dezenten Farbkombinationen läuten auch auf Balkon und Terrasse den Frühling ein. Zudem hat man auf diese Weise den süßen Duft von Hyazinthen und Narzissen in Hausnähe und kann immer wieder daran schnuppern. Sind dann die Zwiebelblumen verblüht, kommt die Sommerbepflanzung in die Töpfe und sorgt bis zum Herbst für Farbe. Auch Kübel lassen sich mit Knollen- und Zwiebelblumen bepflanzen. Vor allen das fremdartig wirkende Blumenrohr *(Canna)* kann in Kübeln dekorativ mit passendem »Fußvolk« kombiniert werden und so zum Star auf der Terrasse avancieren.

## Zwiebel- und Knollenpflanzen zum Verwildern im Rasen

Ob Narzissenwiese oder Krokusteppich, verwilderte Zwiebel- und Knollenpflanzen in großen Mengen versetzen uns jedes Jahr wieder von Neuem in Begeisterung. Die Pflanzung macht einmal im Herbst etwas Mühe, aber danach sorgen die Pflanzen selbst für ihre Ausbreitung und die blühenden Flächen werden immer größer. Wichtig ist nur, dass der Rasen nicht gemäht wird, bevor das Laub gänzlich vergilbt ist.

### auf einen blic

- Für den Gesamteindruck von Pflanzungen sind die verwendeten Farbkombinationen von entscheidender Bedeutung.
- Für stabile dauerhafte Pflanzungen müssen die Ansprüche an Boden- und Lichtverhältnisse berücksichtigt werden.
- Für alle Bereiche im Garten lassen sich passende Zwiebel- und Knollenblumen finden.

# Bezugsquellen und Stichwortverzeichnis

## Blumenzwiebel-Versender

Baldur-Garten
Postfach 1140
64629 Heppenheim
www.baldur-garten.de

N. L. Chrestensen
Postfach 1000
99079 Erfurt
www.gartenversandhaus.de

Dehner
Postfach 2
86640 Rain am Lech
www.dehner.de

Horst Gewiehs Blumenzwiebeln
Postfach 1270
27342 Rotenburg/W.

Albrecht Hoch
Potsdamer Str. 40
14163 Berlin

Gärtner Pötschke
Beuthener Str. 4
41561 Kaarst
www.gaertner-poetschke.de

Bernd Schober
Stätzlinger Str. 94 a
86165 Augburg
www.der-blumenzwiebelversand.de

Treppens
Berliner Str. 88
14169 Berlin

Van Tubergen
Houtwijk 91
NL-8251 GD Dronten
www.vantubergen.nl

## Dahlien

Gartencenter Bergerhoff
Am Blumenhof 1
51674 Wiehl-Alperbrück
www.gartencenter-bergerhoff.de

Gärtnerei Wagschal
Klosterbergenstraße 26
21465 Reinbek
www.dahlias.de

Gartenbaubetrieb Engelhardt
»Dahlienheim«
Güterbahnhofstraße 53
01809 Heidenau Bez. Dresden
www.engelhardt-dahlienheim.de

Dahlien-Schwieters
Dahlien, Canna, Kübelpflanzen
Wehr 280
48739 Legden

Pfitzer-Pflanzen
Dahlien, Kübelpflanzen, Sämereien
Täschenstraße 51
70736 Fellbach

DAHLIEN-VOIT
Werdauer Straße 69
08427 Fraureuth

## Pflanzengesellschaften

Gesellschaft der Staudenfreunde e.V.
Eichenstr. 5
67259 Beindersheim
www.gds-staudenfreunde.de

## Fachgruppe Lilien

Klaus Goldbeck
Waldemar-Bonsels-Weg 32 a
22926 Ahrensburg

Dr. Fritz Ewald
Hegdfeld 3
38542 Leiferde

Deutsche Dahlien-, Fuchsien- und Gladiolengesellschaft e.V.
Maasstr. 153
47608 Geldern
www.ddfgg.de

## Sonstiges

Internationales
Blumenzwiebel-Centrum (IBC)
Parklaan 5
NL-2180 AD Hillegom
www.blumenzwiebeln.de

---

Fettgedruckte Seitenzahlen kennzeichnen Hauptverweise

**Bildnachweis:**
Adams: 4u, 6, 11, 13, 38u, 41u, 42, 43or, 44u, 45u, 45o, 47o, 49u, 51u, 53o, 54, 58o, 59l, 59r, 61u, 66o, 66u, 68l, 70u, 72, 74o, 74u, 75o, 76, 79u, 85
Baumjohann: 17
Bieker: 52, 53u
Borstell: 2/3, 7, 15, 22, 23o, 23m, 23u, 26, 33, 36, 37, 39, 43u, 46u, 47u, 48u, 48o, 50, 55or, 56o, 57o, 58u, 60or, 64, 65u, 69, 71u, 75u, 77u, 81u, 83o
Dittmer: 34u
GBA/GPL: 31r
GBA/Nichols: 62, 65o, 87ol
GBA/Noun: 25u
Redeleit: 25o
Reinhard: 4o, 5, 12, 14, 19l, 19r, 24, 28, 29l, 29r, 31l, 34o, 35, 38o, 40, 44o, 46o, 49o, 51o, 57u, 61o, 63, 67r, 71o, 73, 78, 79o, 80, 81o, 82, 83u, 84, 87or, 87u, 43ol
Seidl: 21u, 41o, 55u, 60u, 67l, 68r, 70o, 77o
Stein: 20o, 32u
Strauß: 1, 9, 16, 20u, 21o, 27o, 27u, 30, 55ol, 60ol, 92

Grafiken: Sylvia Bespaluk

**Bibliographische Information Der Deutschen Bibliothek**
Die Deutsche Bibliothek verzeichnet diese Publikation in der Deutschen Nationalbibliografie; detaillierte bibliografische Daten sind Internet über http://dnb.ddb.de abrufbar.

BLV Verlagsgesellschaft mbH
München Wien Zürich
80797 München



Umschlagkonzeption:
Studio Schübel, München

Umschlagfotos: Borstell (Vorderseite oben und unten)
Adams (Rückseite)

Layoutkonzept Innenteil:
Studio Schübel, München

Lektorat: Eva Ott
Herstellung: Hermann Maxant

Layout und DTP: Anton Walter und DTP-Design Walter, Gundelfingen
Reproduktionen:
Repro Ludwig, A-Zell am See

Gedruckt auf chlorfrei gebleichtem Papier

Printed in Germany ·
ISBN 3-405-16217-3

# Farbenpracht und Blütenzauber

*blv garten plus*
Dorothée Waechter/
Fotos: Ursel Borstell u.a.
**Romantische Blumengärten**
Verwunschene Blumengärten einst und jetzt, Wegbeläge, Farben, Accessoires, romantische Gestaltungen mit Pflanzplänen.

*Garten-Rezepte*
Ulrike Leyhe
**Blumenbeete**
12 Komplett-Lösungen für Blumenbeete in verschiedenen Farbtönen, als Terrasseneinfassung, mit Rosen, mediterran oder romantisch, mit Dauerblühern, für sonnige Plätze, für den Herbst und vieles mehr; Praxis: Einkauf, Bodenvorbereitung, Pflanzen, Düngen, Pflegen.

Jill Billington
**Farbe für den Garten**
Neue Ideen und Effekte für kreative Gärtner – das attraktive Geschenkbuch mit Praxisnutzen: Gartengestaltung mit neuen Farb- und Pflanzenkombinationen, vielen Beispielen, tollen Fotos und farbigen Pflanzplänen.

*Garten-Rezepte*
Herta Simon
**Sommerblumen**
12 bunte Sommerblumen-Gestaltungen – für Frühlingsrabatte, Sommerwiese, Terrassenbeet, Schattenplätze, für Bauerngarten, in verschiedenen Farbharmonien und vieles mehr; Praxis: Einkauf, Anzucht, Pflanzen und Pflegen.

Rosa Wolf/Fotos: Ursel Borstell
**Gartenpflanzen Praxis-Handbuch**
Ein Muss für jeden Gärtner – das Handbuch mit Langzeitnutzen: über 450 Blumen und Gehölze in ausführlichen Porträts, Kombinations- und Gestaltungsbeispiele mit Pflanzplänen für typische Gartenbereiche, Pflegekalender.

Dorothée Waechter
**Lazy – Die Pflanzen**
148 robuste, pflegeleichte Pflanzenarten, die die Gartenarbeit erleichtern: Stauden, Bodendecker, Sommerblumen, Zwiebel- und Knollenpflanzen, Rosen, Kletterpflanzen und vieles mehr.

*Im BLV Verlag finden Sie Bücher zu den Themen:* Garten und Zimmerpflanzen • Natur • Heimtiere • Jagd und Angeln • Pferde und Reiten • Sport und Fitness • Wandern und Alpinismus • Essen und Trinken

blv

*Ausführliche Informationen erhalten Sie bei:*

**BLV Verlagsgesellschaft mbH • Postfach 40 03 20 • 80703 München**
**Tel. 089/12705-0 • Fax 089/12705-543 • http://www.blv.de**